普通高等教育"十一五"国家级规划教材

21世纪计算机科学与技术实践型教程

程玮 杨晓红 主编
陆晶 李静 副主编

Visual FoxPro数据库管理系统实验教程

U0129659

丛书主编 陈明

清华大学出版社
北京

内 容 简 介

本书集上机实验指导、学习指导、习题和习题参考答案于一体,内容丰富,覆盖了 Visual FoxPro 数据库管理系统的主要部分,实用性较强。本书是《Visual FoxPro 数据库管理系统教程》一书的配套教材,也完全可以作为其他 Visual FoxPro 相似教材的辅助教材使用。

本书的编写力求做到概念清晰、结构合理、层次分明、深入浅出、通俗易懂,删繁就简、详略得当。本书可以作为高等学校非计算机专业本、专科学生的教材。

图书在版编目(CIP)数据

Visual FoxPro 数据库管理系统实验教程 / 程玮,杨晓红主编 . —北京:清华大学出版社,2011.2

(21 世纪计算机科学与技术实践型教程)

ISBN 978-7-302-24219-2

Ⅰ. ①V… Ⅱ. ①程… ②杨… Ⅲ. ①关系数据库—数据库管理系统,Visual FoxPro—高等学校—教材 Ⅳ. ①TP311.138

中国版本图书馆 CIP 数据核字(2010)第 222499 号

责任编辑:白立军 王冰飞
责任校对:焦丽丽
责任印制:何 芊

出版发行:清华大学出版社 　　　地 址:北京清华大学学研大厦 A 座
　　　　　http://www.tup.com.cn 　　邮 编:100084
　　　社 总 机:010-62770175 　　邮 购:010-62786544
　　　投稿与读者服务:010-62795954,jsjjc@tup.tsinghua.edu.cn
　　　质 量 反 馈:010-62772015,zhiliang@tup.tsinghua.edu.cn

印 装 者:北京国马印刷厂
经 销:全国新华书店
开 本:185×260 印 张:11.5 字 数:262 千字
版 次:2011 年 2 月第 1 版 印 次:2011 年 2 月第 1 次印刷
印 数:1~6000
定 价:24.00 元

产品编号:040029-01

《21 世纪计算机科学与技术实践型教程》

序

21 世纪影响世界的三大关键技术：以计算机和网络为代表的信息技术；以基因工程为代表的生命科学和生物技术；以纳米技术为代表的新型材料技术。信息技术居三大关键技术之首。国民经济的发展采取信息化带动现代化的方针，要求在所有领域中迅速推广信息技术，导致需要大量的计算机科学与技术领域的优秀人才。

计算机科学与技术的广泛应用是计算机学科发展的原动力，计算机科学是一门应用科学。因此，计算机学科的优秀人才不仅应具有坚实的科学理论基础，而且更重要的是能将理论与实践相结合，并具有解决实际问题的能力。培养计算机科学与技术的优秀人才是社会的需要、国民经济发展的需要。

制定科学的教学计划对于培养计算机科学与技术人才十分重要，而教材的选择是实施教学计划的一个重要组成部分，《21 世纪计算机科学与技术实践型教程》主要考虑了下述两方面。

一方面，高等学校的计算机科学与技术专业的学生，在学习了基本的必修课和部分选修课程之后，立刻进行计算机应用系统的软件和硬件开发与应用尚存在一些困难，而《21 世纪计算机科学与技术实践型教程》就是为了填补这部分空白。将理论与实际联系起来，使学生不仅学会了计算机科学理论，而且也学会应用这些理论解决实际问题。

另一方面，计算机科学与技术专业的课程内容需要经过实践练习，才能深刻理解和掌握。因此，本套教材增强了实践性、应用性和可理解性，并在体例上做了改进——使用案例说明。

实践型教学占有重要的位置，不仅体现了理论和实践紧密结合的学科特征，而且对于提高学生的综合素质，培养学生的创新精神与实践能力有特殊的作用。因此，研究和撰写实践型教材是必需的，也是十分重要的任务。优秀的教材是保证高水平教学的重要因素，选择水平高、内容新、实践性强的教材可以促进课堂教学质量的快速提升。在教学中，应用实践型教材可以增强学生的认知能力、创新能力、实践能力以及团队协作和交流表达能力。

实践型教材应由教学经验丰富、实际应用经验丰富的教师撰写。此系列教材的作者不但从事多年的计算机教学，而且参加并完成了多项计算机类的科研项目，他们把积累的经验、知识、智慧、素质融合于教材中，奉献给计算机科学与技术的教学。

我们在组织本系列教材过程中，虽然经过了详细的思考和讨论，但毕竟是初步的尝试，不完善甚至缺陷不可避免，敬请读者指正。

本系列教材主编　陈明
2005 年 1 月于北京

前　　言

　　信息管理是计算机应用最广泛的领域之一。数据库技术是当前计算机信息管理采用的主要技术手段。为了适应数据库技术的新发展，满足高等院校非计算机专业计算机应用技术教育的需要，我们组织编写了这本《Visual FoxPro 数据库管理系统实验教程》。本书是与《Visual FoxPro 数据库管理系统教程》一书配套使用的实验与学习指导的辅助教材。主要由上篇——上机实验指导、中篇——学习指导与习题和下篇——习题参考答案三个方面的内容组成。

　　(1) 上机实验指导。Visual FoxPro 数据库管理系统是一门实践性非常强的计算机课程。要学好它，上机实验操作是必不可少的、十分重要的教学环节。为方便读者进行上机实践练习，我们依据教材各章节的相关内容，有针对性地设计了 18 个实验。这些实验与理论教学紧密结合，可以使读者学会 Visual FoxPro 数据库管理系统的基本操作，掌握程序设计的基本思想和方法，培养开发设计数据库应用系统的初步能力。希望读者能按照要求，在实验前认真独立地完成预习，了解实验中可能用到的相关知识，对实验内容做到胸有成竹。在实验过程中积极思考，认真分析各种操作或程序执行的结果。实验后及时归纳、总结实验中的收获、体会和存在的问题，并写出实验报告。通过实践不断提高计算机应用能力。

　　(2) 学习指导与习题。中篇的学习指导部分根据教材，提纲挈领地介绍了各章节的学习目标、基本要求、主要知识点以及学习的重点和难点。习题部分则提供了与各章节内容密切相关的十分丰富的习题，帮助读者进行课外练习。题型主要有单项选择题、填空题、简答题、判断题、设计题、阅读程序题和编程题等。通过做习题，并结合上机实践，可以使读者进一步理解和掌握相关的知识点，突破重点和难点，达到巩固所学知识的目的。

　　(3) 习题参考答案。此部分内容是中篇习题部分的参考答案，起到辅助读者学习、开阔解题思路的作用。需要提醒读者的是，做习题时，应将重点放在正确理解、掌握与题目相关的知识点上，而不是死记硬背答案。特别是综合设计题、编程题和阅读程序题，其解题的思路是多样的，答案(或得到相同答案的程序)不是唯一的，书中提供的参考答案也不一定是最优化的。因此读者应开动脑筋，勤于思考，将所学知识融会贯通，举一反三，不断提高自己分析问题、解决问题的能力，进而达到培养创造性思维的目的。

　　本书集上机实验指导、学习指导、习题和习题参考答案于一体，内容丰富，覆盖了Visual FoxPro 数据库管理系统的主要部分，实用性较强。它除了是《Visual FoxPro 数据库管理系统教程》一书的配套教材，也完全可以作为其他 Visual FoxPro 相似教材的辅助教材使用。

　　本书由程玮教授、杨晓红教授任主编,陆晶副教授、李静老师任副主编。其中程玮编写了实验概述、实验1、实验2和学习指导第1章,张澜编写了学习指导第2章,陆晶编写了实验3~实验5和学习指导第3章,孙延民编写了实验6、实验7和学习指导第4章,杨晓红编写了实验8~实验11和学习指导第5章、第6章,李静编写了实验12~实验16和学习指导第7章、第8章,矫立峰编写了实验17、实验18和学习指导第9章,陈丽萍编写了习题参考答案。全书最后由程玮总纂统稿,杨晓红和李静校对。

　　在本书的编写过程中,得到山东财政学院教务处、教材科等各级领导的关心与支持。计算机信息工程系各教研室、系办公室,学院实验教学中心的老师也给予了大力支持和帮助。在此向他们表示衷心的感谢。

　　本书的编写力求做到概念清晰、结构合理、层次分明,深入浅出、通俗易懂、删繁就简、详略得当。但因编写时间的仓促和编者学识水平所限,书中难免有疏漏和错误之处,敬请广大读者不吝赐教,批评指正。

编　者

2010 年 10 月

目　　录

上篇　上机实验指导 …………………………………………………………… 1

　　实验概述 ……………………………………………………………………… 1

　　实验 1　Visual FoxPro 系统环境与常量、变量 ……………………………… 5

　　实验 2　运算符、表达式和函数的使用 ……………………………………… 8

　　实验 3　数据库、表结构的创建与维护 …………………………………… 10

　　实验 4　表记录的维护、索引与统计操作 ………………………………… 13

　　实验 5　多表与自由表操作 ………………………………………………… 18

　　实验 6　表间永久关系的建立及参照完整性设置 ………………………… 21

　　实验 7　查询与视图设计 …………………………………………………… 23

　　实验 8　SQL 语言的应用之一 ……………………………………………… 26

　　实验 9　SQL 语言的应用之二 ……………………………………………… 29

　　实验 10　结构化程序设计之一：顺序结构与分支结构 …………………… 30

　　实验 11　结构化程序设计之二：循环结构与子程序 ……………………… 32

　　实验 12　表单与控件之一：登录类表单的创建 …………………………… 36

　　实验 13　表单与控件之二：查询类表单的创建 …………………………… 38

　　实验 14　表单与控件之三：计算类表单的创建 …………………………… 41

　　实验 15　菜单的设计与应用 ………………………………………………… 43

　　实验 16　报表的设计 ………………………………………………………… 44

　　实验 17　项目管理器的使用 ………………………………………………… 45

　　实验 18　应用系统的组装、连编 …………………………………………… 47

中篇　学习指导与习题 ………………………………………………………… 51

　　第 1 章　Visual FoxPro 语言基础 …………………………………………… 51

　　　　1.1　学习提要 ………………………………………………………… 51

　　　　1.2　习题 ……………………………………………………………… 52

　　第 2 章　数据库基础知识 …………………………………………………… 66

　　　　2.1　学习提要 ………………………………………………………… 66

　　　　2.2　习题 ……………………………………………………………… 67

　　第 3 章　数据库与数据表的基本操作 ……………………………………… 73

3.1　学习提要 ……………………………………………………………… 73

3.2　习题 …………………………………………………………………… 75

第4章　数据查询与视图 ……………………………………………………… 86

4.1　学习提要 ……………………………………………………………… 86

4.2　习题 …………………………………………………………………… 87

第5章　关系数据库结构化查询语言 SQL …………………………………… 90

5.1　学习提要 ……………………………………………………………… 90

5.2　习题 …………………………………………………………………… 91

第6章　结构化程序设计基础 ………………………………………………… 102

6.1　学习提要 ……………………………………………………………… 102

6.2　习题 …………………………………………………………………… 103

第7章　面向对象的程序设计 ………………………………………………… 122

7.1　学习提要 ……………………………………………………………… 122

7.2　习题 …………………………………………………………………… 123

第8章　菜单、报表与标签设计 ……………………………………………… 133

8.1　学习提要 ……………………………………………………………… 133

8.2　习题 …………………………………………………………………… 134

第9章　应用系统开发简介 …………………………………………………… 137

9.1　学习提要 ……………………………………………………………… 137

9.2　习题 …………………………………………………………………… 138

下篇　习题参考答案 …………………………………………………………… 139

第1章习题参考答案 …………………………………………………………… 139

第2章习题参考答案 …………………………………………………………… 143

第3章习题参考答案 …………………………………………………………… 148

第4章习题参考答案 …………………………………………………………… 150

第5章习题参考答案 …………………………………………………………… 151

第6章习题参考答案 …………………………………………………………… 152

第7章习题参考答案 …………………………………………………………… 159

第8章习题参考答案 …………………………………………………………… 167

第9章习题参考答案 …………………………………………………………… 171

参考文献 ………………………………………………………………………… 174

上篇　上机实验指导

实　验　概　述

　　学习 Visual FoxPro 数据库管理系统及其程序设计,上机实验是一个非常重要的环节。通过上机实验,能够帮助读者更好地理解、掌握与数据库设计、数据表设计、程序设计相关的基本概念和基础知识,熟悉 Visual FoxPro 系统的功能,掌握数据库、数据表的实际操作方法和程序设计方法,培养、锻炼基本的应用系统开发能力。因此,我们编写了与课堂教学紧密配合的上机实验指导,以方便读者的上机实践。

　　本实验指导共提供了 18 个实验,内容涵盖了《Visual FoxPro 数据库管理系统教程》教材的各个章节。读者可根据自己的实际学习情况选择具体的实验内容进行上机练习。

　　为保证通过上机实验的实际操作达到较为理想的学习效果,请注意如下几点:

　　(1) 实验前认真做好准备。首先要根据所做实验的目的、要求,复习教材中相关的基本概念、理论知识。然后根据具体的实验内容,预习可能用到的操作,熟悉命令、函数的格式、功能,编写程序代码等。要做到上机前已有清晰的概念、明确的思路,设计好基本的实验步骤,以便提高上机实验的效率。

　　(2) 实验中开动脑筋,积极思考。根据预习的实验内容和步骤,有的放矢地完成具体的实验操作。在实验中,要认真观察所做的各种操作、所执行的各种命令或者程序的运行结果,以及与其相关的屏幕显示信息,并与自己的预想结果进行对比分析。将操作前后的系统状态进行分析对比,来帮助理解、掌握各种操作、命令、程序的功能、作用。对出现的各种问题或者错误,分析、判断其发生的原因,找出解决的方法。

　　(3) 实验后及时总结。每次实验结束后,要及时总结并撰写实验报告。实验报告的主要内容应包括:实验目的和要求,实验内容,实验步骤,操作、命令、程序清单,运行结果以及本次实验有哪些收获,出现了哪些问题,如何解决的,还存在哪些未解决的问题等。

　　需要说明的是:程序设计和应用系统开发能力的提高,需要不断的上机实践和较长期的积累,仅仅依靠课内安排的上机学时是远远不够的。因此,建议读者除了按照上述要求认真完成课内的上机实验外,还应尽可能多地利用业余时间进行上机实践。在上机过程中不可避免地会遇到各种各样的问题,而分析问题、解决问题的过程就是增长知识、积累经验、不断提高的过程。

　　《Visual FoxPro 数据库管理系统教程》和本实验指导书使用的计算机运行环境、默认工作目录、数据表结构和模拟数据,以及实验报告的格式等如下。

1. 系统运行环境

Windows XP 操作系统;Visual FoxPro 6.0 数据库管理系统。

2. 默认工作目录

C:\Program Files\Microsoft Visual Studio\Vfp98。

注意:

① 上述默认工作目录是安装 Visual FoxPro 6.0 时系统默认设置的。

② 建议读者启动 Visual FoxPro 后设置自己的默认工作目录。设置方法详见教材《Visual FoxPro 数据库管理系统教程》1.1.4 小节的介绍。

3. 数据表结构与数据

1) 职工情况表(表一、表二)

表一:zgqk(职工情况)表结构

字段含义	字段名	类型	宽度	小数位数
＊职工编号	zgbh	字符型(C)	6	----
姓名	xm	字符型(C)	8	----
性别	xb	字符型(C)	2	----
出生日期	csrq	日期型(D)	8	----
工作日期	gzrq	日期型(D)	8	----
学历	xl	字符型(C)	6	----
学位	xw	字符型(C)	4	----
职称	zc	字符型(C)	10	----
婚否	hf	逻辑型(L)	1	----
简历	jl	备注型(M)	4	----
照片	zp	通用型(G)	4	----
＃部门编号	bmbh	字符型(C)	3	----

表二:zgqk(职工情况)表数据

＊zgbh	xm	xb	csrq	gzrq	xl	xw	zc	hf	jl	zp	＃bmbh
199806	李敏君	女	08/21/52	01/01/69	大学	学士	教授	.T.	memo	gen	101
199006	张力方	男	10/21/66	07/20/88	大学	学士	副教授	.T.	memo	gen	106
199002	胡嘉	男	12/17/67	07/16/88	研究生	硕士	副教授	.T.	memo	gen	101
199310	许建国	男	05/30/55	09/10/72	大学	学士	教授	.T.	memo	gen	108
199802	高金宇	男	01/31/72	02/26/98	研究生	博士	副教授	.T.	memo	gen	106
199001	余建	男	06/12/62	09/01/79	大专		高级工程师	.T.	memo	gen	108

续表

* zgbh	xm	xb	csrq	gzrq	xl	xw	zc	hf	jl	zp	# bmbh
199316	刘欣	女	03/26/62	09/12/83	研究生	博士	教授	. T.	memo	gen	106
199810	司马剑	男	04/22/69	01/01/88	中专		工程师	. T.	memo	gen	101
199013	王尚云	女	07/02/55	01/01/72	大学	硕士	教授	. T.	memo	gen	108
199801	靳德芳	女	01/19/76	07/10/98	大学	硕士	讲师	. T.	memo	gen	106
200612	阿依古丽	女	10/23/80	07/20/06	大学	硕士	讲师	. F.	memo	gen	103
199808	杨光	男	10/09/76	06/10/98	大学	硕士	讲师	. F.	memo	gen	106
200605	齐雪	女	05/29/76	06/12/06	大学	博士	副教授	. T.	memo	gen	108

2) 工资表（表三、表四）

表三：gz（工资）表结构

字段含义	字段名	类型	宽度	小数位数
* 职工编号	zgbh	字符型（C）	6	----
基础工资	jcgz	数值型（N）	7	2
职务工资	zwgz	数值型（N）	7	2
职绩工资	zjgz	数值型（N）	7	2
福利奖金	fljj	数值型（N）	7	2
水电费	sdf	数值型（N）	6	2
煤气费	mqf	数值型（N）	6	2

表四：gz（工资）表数据

* zgbh	jcgz	zwgz	zjgz	fljj	sdf	mqf
199006	1980.00	660.00	460.00	200.00	160.00	36.00
199801	1620.00	480.00	180.00	120.00	40.00	0.00
199316	2190.00	780.00	520.00	280.00	180.00	40.00
199806	2760.00	990.00	540.00	280.00	256.00	48.00
199002	1800.00	570.00	460.00	200.00	205.00	32.00
199310	2470.00	880.00	400.00	180.00	188.00	18.00
199013	2470.00	880.00	480.00	200.00	246.00	26.00
199802	1800.00	570.00	400.00	180.00	210.00	28.00
199001	1980.00	660.00	380.00	180.00	198.00	20.00
199810	1620.00	480.00	220.00	150.00	110.00	24.00
200612	1530.00	420.00	280.00	120.00	10.00	0.00
199808	1620.00	480.00	280.00	120.00	35.00	10.00
200605	1710.00	510.00	460.00	150.00	35.00	18.00

3) 科研情况表(表五、表六)

表五：kyqk(科研情况)表结构

字段含义	字段名	类型	宽度	小数位数
＊成果编号	cgbh	字符型(C)	6	----
成果名称	cgmc	字符型(C)	60	----
成果类别	cglb	字符型(C)	10	----
＃职工编号	zgbh	字符型(C)	6	----

表六：kyqk(科研情况)表数据

＊cgbh	cgmc	cglb	＃zgbh
199601	PASCAL 程序设计教程	教材	199316
199421	微机操作系统	教材	199013
199801	VB 编程中的几个常见问题	论文	199316
199710	某发电厂 MIS 系统设计	软件	199013
199603	FoxBase 报表输出设计中的几个问题	论文	199013
199802	VB 数据库操作中的安全问题	论文	199002
199704	某医院综合信息系统的研究与开发	论文	199002
199402	FoxBase 数据库管理系统教程	教材	199013
199902	使用 PB 设计输出报表的几个问题	论文	199806
200201	电力系统信息管理系统设计研究	论文	199806
200302	Visual FoxPro 数据库管理系统教程	教材	199806

4) 部门表(表七、表八)

表七：bm(部门)表结构

字段含义	字段名	类型	宽度	小数位数
＊部门编号	bmbh	字符型(C)	3	----
部门名称	bmmc	字符型(C)	8	----

表八：bm(部门)表数据

＊bmbh	bmmc	＊bmbh	bmmc
108	计算机系	109	外语系
103	金融系	107	会计系
101	经济系	102	财政系
106	工商系		

注意：上述 4 个表结构中，带有 * 号的字段为主关键字，带有 # 号的为外部关键字。

4. 实验报告的基本格式

(1) 学生姓名、学号、年级、专业、班级。

(2) 课程名称、实验名称。

(3) 实验内容、实验结果。

(4) 分析讨论实验中出现的问题，解决的方法和结果，还存在的问题。

实验 1　Visual FoxPro 系统环境与常量、变量

一、实验目的与要求

1. 熟悉 Visual FoxPro 系统的用户界面及各组成部分的功能。

2. 掌握 Visual FoxPro 系统的交互式工作方式：菜单命令、工具栏命令按钮的操作，命令窗口的操作。

3. 掌握 Visual FoxPro 系统运行环境参数的设置方法。

4. 掌握 Visual FoxPro 的命令格式及各种数据类型常量的表示方法。

5. 掌握 Visual FoxPro 内存变量的建立与使用。

二、实验内容与步骤

1. 使用 Windows 操作系统的文件管理功能在 D 盘建立两个文件夹：一个以自己的学号＋姓名命名，例如：20100102129 张山；一个以 vfp_user 命名。

2. 启动 Visual FoxPro，熟悉 Visual FoxPro 系统主窗口界面的各个组成部分。

分别重复单击工具栏上的"命令"、"数据工作期"、"表单"等命令按钮；分别选择"窗口"菜单中的"隐藏"、"清除"、"循环"、"命令窗口"、"数据工作期"等命令。观察执行上述操作后主窗口界面组成的变化情况。通常情况下，为了界面简洁，使用方便，在 Visual FoxPro 系统的主窗口界面中，仅打开命令窗口，如实验图 1-1 所示。

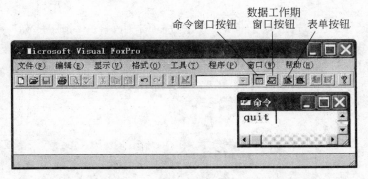

实验图 1-1　Visual FoxPro 系统主窗口界面

3. Visual FoxPro 系统运行环境参数的设置。

Visual FoxPro 系统运行环境参数设置分为菜单和命令两种方式；设置的作用又分为

临时设置或永久设置。

1) 修改系统默认工作目录

(1) 菜单操作：在 Visual FoxPro 主窗口的"工具"菜单中选择"选项"命令，打开"选项"对话框。选择"文件位置"选项卡，观察当前系统的默认目录并选择该项后，单击"修改"命令按钮，在打开的"更改文件位置"对话框中更改默认目录为：

```
D:\vfp_user
```

注意：vfp_user 为已经在 D 盘建立的文件夹。单击"确定"命令按钮退出"更改文件位置"和"选项"对话框。

(2) 命令设置：也可以在命令窗口中输入系统设置命令修改默认目录。命令格式如下：

```
Set Default To <目录>
```

例如，在命令窗口中输入下列命令：

```
Set Default To D:\ vfp_user
```

按 Enter 键执行后，再打开"选项"对话框观察默认目录的变化。

注意：建议将在 D 盘建立的以自己的"学号＋姓名"命名的文件夹设置为默认工作目录，以便以后在 Visual FoxPro 中创建的文件都能自动保存在该文件夹中。

2) 设置日期、时间格式

(1) 菜单操作：在"选项"对话框的"区域"选项卡中，可以设置日期、时间以及货币等的格式。

(2) 命令设置：在命令窗口中执行下列命令也可以设置日期、时间的显示格式。

```
Set Date [To] American|USA|mdy|dmy|ymd
Set Century Off|On
Set Hours To [12|24]
```

3) 字符比较方式的设置

(1) 菜单操作：在"选项"对话框的"数据"选项卡中，打开"排序序列"下拉列表框，选择设置排序方式。

(2) 命令设置：在命令窗口中执行下列命令也可以设置字符比较方式。

```
Set Collate To " Machine"|" PinYin"|"Stroke"
```

注意：

① 上述设置命令的功能介绍详见教材《Visual FoxPro 数据库管理系统教程》的1.1.4 小节和 1.6 节。

② 对上述运行环境参数分别进行"临时设置"和"永久设置"后，退出 Visual FoxPro 系统后再启动，观察所设置的系统运行环境参数的变化情况，加深对两种不同设置的理解。

4. 常量的使用。

在命令窗口中输入下列显示常量值的命令并查看结果。

注意：每条命令输入后必须按 Enter 键执行。除了在字符型常量的定界符内可以使用汉字符，以及用汉字符做变量名外，命令中输入的所有其他符号必须是单字节的 ASCII 码字符。

1）字符型常量

```
? "abcd ABCD"
? '山东财政学院'
? [计算机信息工程系]
? "山东财院 [SDFI]"
```

2）数值型、货币型常量

```
? 123.45
? - 123.45E2
? 123.45e-2
? - 123.45e-2
? $ 123.45
? $ - 123.45
```

3）日期时间型常量

```
? {^2010- 9- 20}
? {^2010/9/20,}
? {^2010- 9- 20,0:10:00}
? {^2010/9/20,12:00:00}
```

4）逻辑型常量

```
? .t.,.T.,.f.,.F.
? .y.,.Y.,.n.,.N.
```

注意：改变系统的日期时间格式设置，重复上面的日期时间常量的操作，观察输出结果的变化。

5. 内存变量的使用。

在命令窗口中依次输入下列关于内存变量的命令并查看结果。

注意：执行下列命令前已在 D 盘建立了 vfp_user 文件夹。

```
Store 100 To x1,x2,x3
x4="abcDEF"
Dime xy(6)
xy=999
List Memo Like x*
Save To d:\ vfp_user\x All Like x*
Release x1,x2
Display Memo Like x*
xy(2)="hello"
xy(3)="[山东财政学院]"
```

```
xy(4)=$87
xy(5)=.T.
xy(6)={^2010/09/21,2:35:12}
Display Memo Like x*
Release All
List Memo Like x*
Restore From d:\vfp_user\x
Display Memo Like x*
```

6. 练习教材《Visual FoxPro 数据库管理系统教程》1.3 节中的例题。

三、实验思考题

1. 启动、退出 Visual FoxPro 系统的方法有几种？可在命令窗口执行的退出命令是什么？

2. 怎样实现系统运行环境参数的临时性设置或永久性设置？用命令方式能实现永久性设置吗？

3. 你所用的计算机上 Visual FoxPro 系统的默认工作目录是什么？在"选项"对话框中修改默认目录时，若记不清要设置的新默认目录的路径而不能直接输入时，怎么办？

4. 在命令窗口中输入、执行命令有哪些注意事项？

5. 能否连续输入若干条命令，仅在最后一条命令后按 Enter 键执行？这样的操作与每条命令都按 Enter 键执行有什么不同？

6. 若要将一条长命令分成几行输入并执行，怎样才能实现？

7. Visual FoxPro 系统的命令是否区分字母的大小写？

实验 2　运算符、表达式和函数的使用

一、实验目的与要求

1. 掌握各种类型的运算符、表达式的特点及运算规则。
2. 掌握常用函数的功能及其使用。

二、实验内容与步骤

1. 使用输出命令查看下列表达式的值。

```
?"山东财政"+"学院"
?"山东财政"+"学院"
?"山东财政"-"学院"+"计算机系"
?{^2010-10-01}+300
?{^2010-10-01}-300
?{^2010-10-01}-{^2006-07-01}
?6<4,8>7
?Not 8>7
?6<4 And 8>7
```

```
? 6<4 Or 8>7
? 16%3
? -16%-3
? 16%-3
? -16%3
? Mod(16,3)
? Mod(-16,-3)
? Mod(16,-3)
? Mod(-16,3)
? Iif(Mod(Year(Date()),4)=0,"今年是奥林匹克年","今年不是奥林匹克年")
? (1+2^(1+2))/(2+2)
? (-2*5+30)/2^2
? (-2*5+30)/2^2*6%8
? (-2*5+30)/2^2*6%-8
? -(-2*5+30)/2^2*6%-8
? "计算机"$"微型计算机"
? "微型计算机"$"计算机"
? "abc">"ABC"
? "ab">"abc"
? 4>3
? [人]>[民]
? .T.>.F.
? 4>3 And [人]>[民] And .T.>.F.
```

2. 输出下列函数和表达式的值。

```
? Round(345.345,2)
? Round(345.345,1)
? Round(345.345,-1)
? Mod(10,3)
? Mod(10,-3)
? Mod(-10,-3)
? Len("abcd")
? Len("⎵⎵⎵⎵⎵abcd")
? Alltrim("⎵⎵⎵⎵⎵abcd")
? Substr("微型计算机系统",5,6)
? Left("微型计算机系统",4)
? Right("微型计算机系统",4)
? At("计算机","微型计算机系统")
? At("系统","微型计算机系统")
? Date()
? Time()
? Datetime()
? Year(Date())
? Month(Date())
? Day(Date())
```

```
x=-1234.4567
?Str(x,11,2)
?Str(x)
?Str(x,9,1)
x="abc"
abc="山东财政学院"
?&x
x="**"
?5&x.2
?"5&x.2"
?Dtoc(Date())
```

3. 写出下列表达式的 Visual FoxPro 格式，并上机计算其结果。

（1） $\sin\dfrac{\pi}{5}+\tan\dfrac{\pi}{6}$

（2） $\sin^2 45°+\cos^2 60°$

4. 已知一元二次方程 $2x^2+5x-3=0$，求解它的两个根 x_1 和 x_2。

提示： 一元二次方程根的表达式为 $x_{1,2}=\dfrac{-b\pm\sqrt{b^2-4ac}}{2a}$。

5. 计算到做实验的当天为止，香港已回归了多少天（只计算到整天）？ 多少小时？
提示： 香港于 1997 年 7 月 1 日 0 时 0 分回归祖国。

6. 已知圆的直径为 20m，求该圆的面积。

7. 已知直角三角形的两条直角边长分别为：a＝15cm，b＝20cm，求斜边 c 的长度和该三角形的面积。

8. 练习教材《Visual FoxPro 数据库管理系统教程》1.4 节、1.5 节中的例题。

三、实验思考题

1. 怎样将一个实际的表达式转换成 Visual FoxPro 表达式？ 需要注意哪些问题？

2. 怎样确定一个复杂表达式的运算顺序？

3. 函数只能应用在什么地方？ 什么是函数的参数？ 它起什么作用？ 是否所有的函数都必须有参数？

实验 3　数据库、表结构的创建与维护

一、实验目的与要求

1. 掌握数据库文件的创建方法。

2. 掌握数据表文件的创建方法。

3. 掌握"表设计器"的使用和表结构的修改与复制。

二、实验内容与步骤

1. 数据库的建立。

（1）单击"文件"下拉菜单中的"新建"命令，或者单击"常用"工具栏上的"新建"按钮，

打开"新建"对话框。

(2) 在"文件类型"中选择"数据库",单击"新建文件"按钮,打开"创建"对话框。

(3) 在"数据库名"文本框中输入数据库文件名 rsgl,单击"保存"按钮,即可在默认目录下建立数据库文件 rsgl.dbc,并自动打开"数据库设计器"窗口。

2. 数据库表的建立。

在 rsgl.dbc 数据库中创建数据库表 zgqk.dbf:

(1) 在"数据库设计器"窗口的空白区域中右击鼠标,在快捷菜单中选择"新建表"命令,出现"新建表"对话框。单击"新建表"按钮,在随后出现的"创建"对话框中,输入数据表文件名,如 zgqk(职工情况),然后单击"保存"按钮,显示"表设计器"窗口。

(2) 在"表设计器"的"字段"选项卡中,按照实验概述中介绍的"表一: zgqk 表结构"的定义,在"表设计器"中依次输入各个字段名、类型、宽度、小数位。当所有字段定义完毕,单击"确定"按钮,关闭"表设计器"。

至此,建立了一个名为 zgqk.dbf 的数据库表,它属于数据库 rsgl.dbc。

(3) 单击"显示"下拉菜单中的"浏览"命令,打开"浏览"窗口。分别用"表"下拉菜单中的"追加新记录"命令和"显示"下拉菜单中的"追加模式"命令,输入数据表记录(参见"表二: zgqk 表数据")。输入完毕后,关闭"浏览"窗口。

注意:

① 输入备注型及通用型字段的内容时,注意观察输入前和输入后字段标记符号的变化。备注型、通用型字段的内容保存在备注文件 zgqk.fpt 中。

② 在"浏览"窗口中,日期型字段已用"/"间隔符标注,需要按照默认日期格式"mm/dd/yy"输入。当输入无效日期时,系统在右上角显示错误信息。

③ 逻辑型字段直接输入 T、Y、F、N 或 t、y、f、n,无须输入定界符。

④ 允许输入空值的字段,按组合键 Ctrl+0(数字 0)输入 .Null.。

3. 修改数据表结构。

(1) 在"数据库设计器"窗口中,右击 zgqk 子窗口,在快捷菜单中选择"浏览"命令浏览数据表记录;选择"修改"命令,打开"表设计器",将 xm 字段的宽度改为 10。另外,可以根据实际需要插入新字段或删除已有字段。

(2) 单击"窗口"下拉菜单中的"数据工作期"命令,打开"数据工作期"窗口,如实验图 3-1 所示。利用"数据工作期"窗口中间的打开、关闭、浏览按钮,对 zgqk 表进行相应的操作。如果需要修改表结构,单击"属性"按钮,打开"工作区属性"对话框,如实验图 3-2 所示。再单击"修改"按钮,打开"表设计器"。

(3) 在"表设计器"的"字段"选项卡中依次对 zgbh、xm、xb、csrq 等字段设置显示标题,分别为"职工编号"、"姓名"、"性别"、"出生日期"(输入时无需定界符);对 xb 字段设置有效性规则表达式: xb="男" Or xb="女",默认值为: "男"(注意加西文定界符" ")。在"表"选项卡中设置记录有效性规则: "csrq<gzrq"以及相应的提示信息,如实验图 3-3 所示。

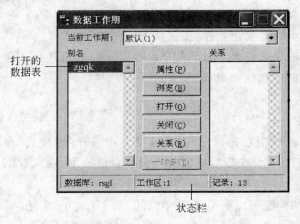

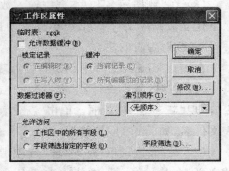

实验图 3-1 "数据工作期"窗口　　　　实验图 3-2 "工作区属性"对话框

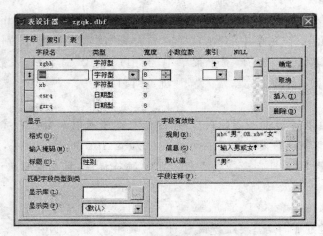

实验图 3-3 修改数据表结构

（4）如果"数据库设计器"和"数据工作期"都没有打开，那么在命令窗口中输入 Modify Structure 命令也可以打开"表设计器"。表结构修改完毕，在命令窗口中输入 List | Display Structure 命令查看数据表结构。

注意：

① 注意"数据工作期"窗口下方状态栏中显示的信息：当前打开数据表所属的数据库、表所在的工作区及其记录数量。

② 如果当前表中已有记录数据，那么在"表设计器"中删除一个字段时，该字段对应的所有数据将全部丢失；修改字段类型、宽度、小数位时，也可能引起原有数据的改变或丢失。因此，尽量不要在输入数据后再修改表结构，以免引起数据的丢失。

③ 有效性规则应为逻辑表达式，即它的结果应为逻辑值。

④ 注意 List | Display Structure 命令执行后，主屏幕显示结果。

4. 将自由表添加到数据库中。

（1）在命令窗口中输入命令 Clear All，关闭所有打开的文件。然后输入命令 Create

gz,打开"表设计器"。

（2）按照"表三：gz 表结构"的定义，建立数据表 gz.dbf，然后按"表四：gz 表数据"输入数据表记录。此时建立的 gz.dbf 为自由表。

注意：

① 可以打开 rsgl.dbc 及其"数据库设计器"，在快捷菜单中选择"添加表"命令，将自由表 gz.dbf 添加到数据库中。

② 若要将数据库表转为自由表，在"数据库设计器"中右击数据库表子窗口，在其快捷菜单中选择"删除"命令，在随后出现的提示对话框中单击"移去"按钮。

5. 在命令窗口中输入以下命令，注意观察命令的作用和执行结果。

```
Close All
Clear                          && 清屏
Open Database rsgl Exclusive
Create Database 人事管理
Set Database To rsgl
Create bm                      && 按实验概述表五、表六定义的结构和数据建立 bm.dbf
Use bm
List Structure
Use
Close Database
```

6. 按实验概述表七、表八定义的结构和数据建立数据库表 kyqk.dbf。

至此，rsgl.dbc 中包含了 4 个数据库表——zgqk.dbf、gz.dbf、bm.dbf 和 kyqk.dbf。

三、实验思考题

1. 创建数据库表和自由表的条件有哪些不同？
2. 数据库表和自由表有哪些相同之处和不同之处？
3. 数据库表和自由表能相互转换吗？怎样实现？
4. 数据表字段的总计数值与各字段宽度的总和是否相等？为什么？
5. 如果一个字段允许输入空值.Null.，它是否等同于输入空串或数值 0？

实验 4 表记录的维护、索引与统计操作

一、实验目的与要求

1. 掌握数据表记录的基本操作。
2. 掌握单索引文件、结构复合索引文件的建立和使用方法。
3. 掌握数据表的复制和记录的统计操作。

二、实验内容与步骤

1. 用菜单方式操作数据表记录。

（1）打开 rsgl.dbc，在"数据库设计器"中双击 zgqk 子窗口，打开相应的"浏览"窗口。

（2）使用"表"下拉菜单中（如实验图 4-1 所示）的命令对当前数据表记录进行如下操作：

① 用"追加新记录"命令追加下面两条记录：

200234,王雨,女,08/21/62,07/01/84,大学,学士,副教授,T,101

200025,沙小斌,男,10/21/66,07/20/92,研究生,硕士,副教授,T,107

② 用"转到记录"命令将记录指针定位在 3 号记录。

③ 用"删除记录"命令将从 3 号记录开始到最后一条记录的范围中，学历为"大学"的记录加上删除标记。

④ 用"恢复记录"命令恢复所有加删除标记的记录；或依次单击"浏览"窗口左侧黑色矩形框取消删除标记。

实验图 4-1　"表"下拉菜单

⑤ 将记录指针移到职工编号为"200234"的记录，用"替换字段"命令将该记录姓名改为"王煜"，职称改为"教授"。

⑥ 将记录指针移到最后一条记录，用"切换删除标记"命令添加删除标记，然后单击"彻底删除"命令将该记录删除。

⑦ 关闭"数据库设计器"窗口。

注意：

① 每执行一次操作，返回"浏览"窗口查看执行结果。

② 为了方便查看命令的执行结果，可利用菜单中的"调整字段大小"、"调整分区大小"等命令改变"浏览"窗口的显示状态。

③ 单击"表"下拉菜单中的"字体"命令，可改变"浏览"窗口的字体大小。

2. 用命令方式操作数据表记录。

1）显示记录和移动指针

```
Open Database rsgl
Use zgqk
List For xb="男" And zc="教授"        && 显示男教授的基本情况
Display xm,csrq For Not hf           && 显示未婚职工的姓名、出生日期
Go Top                               && 将指针移动到第一条记录
?Recno(),Bof()
Display zgbh,xm,jl                    && 显示当前记录的 zgbh、xm、jl 字段
Skip -1
?Recno(),Bof()                       && 注意函数值
Go Bottom                            && 将指针指向移动到最后一条记录
?Recno(),Eof()
Display zgbh,xm,jl
Skip
?Recno(),Eof()                       && 注意函数值
Close Database
```

注意：

① 用 Open Database 命令打开数据库时，并未打开任何数据表，因此需要用 Use 命令打开指定的数据表。但用 Close Database 命令关闭数据库时，会自动关闭相应的数据库表。

② 注意当指针指向文件头、文件尾、第一条记录和最后一条记录时，函数 Bof( )、Eof( )和 Recno( )的值。

2) 添加、修改、删除和恢复记录

```
Use zgqk
Copy To zg_1                                       && 复制建立 zgqk 表的副本 zg_1.dbf
Copy Structure To zg_stru1                         && 复制 zgqk 表的结构
Copy Structure Fields zgbh,xm,bmbh To zg_stru2     && 复制 zgqk 表结构的部分字段
Use zg_stru1                                        && 打开新的数据表文件 zg_stru1.dbf
List Structure                                      && 显示数据表结构
?Reccount(),Fcount(),Recno()                        && 返回当前数据表记录个数 0,字段个数 12,
                                                    && 当前记录号 1

Use zg_stru2
List Structure
?Reccount(),Fcount(),Recno ()                       && 返回当前数据表记录个数 0,字段个数 3,
                                                    && 当前记录号 1

Use zg_1                                            && 打开数据表 zg_1.dbf
Append Blank                                        && 在数据表尾部追加一条空白记录
Replace zgbh With "200110",xm With "汪娅丽",xb With "女",;
csrq With{^1972-05-05},zc With "副教授"             && 用替换命令往新记录中添加数据
?Recno(),Eof()
Go 5
Replace zgbh With "200503"                          && 修改当前记录的 zgbh 字段数据
Delete All For xb="女"                              && 将性别为女的记录加删除标记
List zgbh,xm,xb,zc                                  && 注意带删除标记"*"的记录
Recall All For xb="女" And "教授" $ zc              && 恢复教授、副教授的记录
Display All zgbh,xm,xb,zc
Go Bottom
Delete                                              && 当前记录加删除标记
Pack                                                && 物理删除记录
List
Use
```

注意：

① 复制含有备注文件的数据表时，自动生成相应的 .ftp 文件。生成的数据表为自由表。

② 用 Copy Structure 命令生成的 .dbf 文件只有表的结构，不包含任何记录数据。

3) 指针定位和统计命令

```
Clear                                              && 清屏
Use zgqk
```

```
Locate For bmbh="108"                        && 指针定位于满足条件的第一条记录
Display
Continue                                      && 指针定位于满足条件的下一条记录
Display
Continue                                      && 使用多个 Continue,直至定位范围结束
Count For bmbh="108" To num_108               && 统计"108"系部的人数
?"统计结果: ",num_108,"人"
Use gz
Average jcgz To aver_jc                       && 统计基础工资的平均值
Sum jcgz+zwgz+zjgz+fljj-sdf-mqf To sf          && 统计实发工资总额
?"平均基础工资:"+Str(aver_jc)+"元"
?"实发工资总额为:"+Str(sf,10,2)+"元"          && 保留两位小数
Close All
```

注意:

① 打开 gz.dbf 时,系统会自动关闭先前打开的 zgqk.dbf。

② 注意"?"后面的表达式格式及函数值。

3. 索引的建立和使用。

1) 利用"表设计器"建立索引

(1) 以"独占"方式打开 zgqk.dbf。

(2) 在"表设计器"的"字段"选项卡中,单击 xm 字段,在"索引"下拉列表中选择"↑",建立以 xm 字段为索引关键字的普通索引,如实验图 4-2 所示。

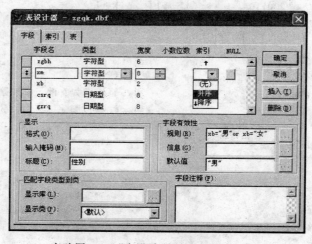

实验图 4-2 "表设计器"的"字段"选项卡

(3) 单击"表设计器"的"索引"选项卡,查看刚建立的索引,索引标识默认使用字段名,属于单字段普通索引。

(4) 建立以下复合索引:

· 以 zgbh 字段为索引关键字建立主索引;

· 以 bmbh 字段为关键字建立普通索引;

- 以 xm＋Dtoc(csrq)为索引关键字建立普通索引,索引标识为 xmcsrq,顺序为降序;
- 以 zgbh 字段为索引关键字建立候选索引,索引标识为 bh_female,筛选条件为 xb＝"女"。

(5) 索引列表如实验图 4-3 所示。单击"确定"按钮,关闭"表设计器"。

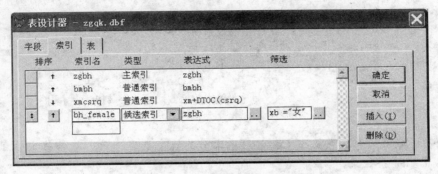

实验图 4-3　"表设计器"的"索引"选项卡

2) 用命令建立索引

```
Use gz
Index On jcgz To jcgz_1              && 按 jcgz 升序建立单索引文件
Index On -jcgz To jcgz_2             && 按 jcgz 降序建立单索引文件
Index On zgbh Tag zgbh Candidate     && 按 zgbh 升序建立复合索引
Use zgqk
Index On bmbh+zc Tag bmbh_zc         && 按表达式 bmbh+zc 建立复合索引
Use
```

注意:

① 主索引只能在"表设计器"中设置,不能用命令建立。

② 注意单索引文件和复合索引文件的区别。

3) 建立索引

用"表设计器"或命令方式为 bm.dbf 和 kyqk.dbf 建立必要的索引。

4) 指定主控索引和索引查询

(1) 在"数据工作期"中指定索引顺序。

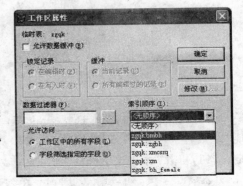

打开"数据工作期"窗口及 zgqk 表,单击"属性"按钮,打开"工作区属性"对话框。在"索引顺序"下拉列表中,选择 zgqk:bmbh,将其设定为主控索引,如实验图 4-4 所示。单击"确定"按钮返回"数据工作期"窗口,打开"浏览"窗口,观察记录顺序的变化。

(2) 用命令方式指定主控索引。

```
Use zgqk
```

实验图 4-4　"工作区属性"对话框

```
Set Order To Tag bmbh_zc          && 指定主控索引
List bmbh,zc,xm                   && 记录按索引顺序显示
Seek "108 教授"                    && 查询 108 系部的教授
?Found()                          && 若查到该记录,函数值为.t.
Display zgbh,xm                   && 显示当前记录
Set Order To Tag zgbh
Seek "199802"
?Found()                          && 若查到该记录,函数值为.t.
Display zgbh,xm
Set Order To 0                    && 取消主控索引
Display All zgbh,xm
Use                               && 关闭数据表同时关闭结构复合索引文件
```

注意：

① Seek 后面的表达式要与主控索引中索引关键字类型一致。指针将定位于满足条件表达式的第一条记录。

② 若指定主控索引后使用 Locate 命令,指针将定位于满足条件的、逻辑顺序上的第一条记录。

三、实验思考题

1. Visual FoxPro 支持哪几种索引类型？

2. Visual FoxPro 支持的索引文件有哪几种？

3. 建立索引文件的方法有几种？各自能够建立的索引文件是哪些？

4. 数据库表和自由表支持的索引类型有哪些不同？

实验 5　　多表与自由表操作

一、实验目的与要求

1. 了解工作区的概念和使用方法。

2. 掌握关联的概念和建立方法。

3. 掌握自由表的相关操作。

二、实验内容与步骤

1. 用"数据工作期"建立关联。

（1）打开"数据工作期"窗口,单击"打开"按钮,分别在 1 号、2 号工作区打开 zgqk. dbf 和 gz. dbf 两个表。注意观察状态栏显示的信息。

（2）在"别名"列表中,选择 zgqk 表（主表）,单击"关系"按钮,再选择 gz 表（子表）,出现"设置索引顺序"对话框（如实验图 5-1 所示）,在其列表中选择索引 gz:zgbh,单击"确定"按钮,打开"表达式生成器"对话框。

（3）在"字段"列表中双击 zgbh 作为关联字段。

"数据工作期"窗口中显示出 zgqk 表和 gz 表之间的一对一关系,如实验图 5-2 所示。

实验图 5-1　"设置索引顺序"对话框

实验图 5-2　一对一关联

（4）打开 zgqk 表的"浏览"窗口,选择其中的任意一条记录,则在 gz 表的"浏览"窗口中会显示出与 zgbh 字段相同的一条记录。如实验图 5-3 所示,当记录指针指向 zgqk 表职工编号为"199802"的记录时,gz 表显示职工编号相同的记录。

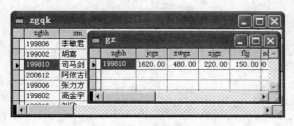

实验图 5-3　一对一关联结果

（5）打开 bm.dbf,将其作为主表,将 zgqk 表作为子表（在"设置索引顺序"对话框中选择按 bmbh 建立的索引）,按上述方法建立两者之间一对多的关联关系,如实验图 5-4 所示。打开两个表的"浏览"窗口并进行切换,观察指针的联动情况,结果如实验图 5-5 所示。

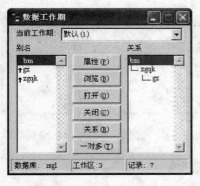

实验图 5-4　一对多关联

实验图 5-5　一对多关联结果显示

（6）在步骤（5）中建立 bm 表和 zgqk 表的关联后,单击"一对多"按钮,则两表之间子表一方连线变为双线,如实验图 5-6 所示。打开 bm 表（主表）的"浏览"窗口,显示结果如实验图5-7所示。图中显示表明,与"108"部门对应的记录有4条,与"103"部门对应的记录有1条。

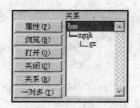

实验图5-6 一对多关系

实验图5-7 一对多关系主表

(7) 关闭"数据工作期"窗口。

注意:

① 建立关联的前提条件是:子表建立了相应的索引。

② 关联建立后,两个数据表指针将产生联动,即当主表指针移动时,子表指针也相应移动。

③ 对于一对一关联,子表"浏览"窗口中仅显示被关联的那条记录;对于一对多关联,子表"浏览"窗口中显示多条记录。

2. 用命令方式建立关联。

```
Clear All                        && 关闭所有文件,将1号工作区设为当前工作区
Select B                         && 选择工作区
Use gz                           && 作为子表
Set Order To Tag zgbh            && 指定主控索引
Select A
Use zgqk                         && 作为主表
Set Relation To zgbh Into B      && 建立一对一关联
Browse Fields zgbh,xm,bmbh,gz.jcgz,gz.sdf
Close All
```

结果如实验图5-8所示。

注意:

① 关联是两个表间的一种临时关系。当关闭其中一个数据表时,表间的关联关系会自动解除。

② 在当前工作区引用非当前工作区字段时,使用"<别名>.<字段名>"格式。

实验图5-8 "浏览"窗口显示的关联结果

3. 运用上述两种方法,建立其他表之间的关联,并观察结果。

4. 自由表的操作。

(1) 在没有打开任何数据库的情况下,建立一个自由表abc.dbf。

(2) 打开rsgl.dbc及其"数据库管理器"窗口。右击窗口空白处,用快捷菜单中的"添加表"命令将abc.dbf加入到数据库中,使其成为数据库表。

（3）为 abc.dbf 建立包含主索引在内的若干索引；设置字段有效性、记录有效性和长表名等。

（4）右击 abc 子窗口标题，在快捷菜单中选择"删除"命令，然后在对话框中单击"移去"按钮，将数据库表移出数据库，使其成为自由表。

（5）打开 abc.dbf 相应的"表设计器"，查看索引、有效性设置等的变化。

注意：

① 自由表没有主索引。当数据库表移出成为自由表时，主索引自动变成候选索引。

② 数据库表成为自由表后，有效性设置、长表名等特性也随之消失。

三、实验思考题

1. 为什么要建立表之间的关联？关联是否能永久保存？

2. 建立表间关联的基本条件是什么？

3. 建立关联有几种方法？

4. 一对一关联和一对多关联在结果显示时有何不同？

实验 6　表间永久关系的建立及参照完整性设置

一、实验目的与要求

1. 掌握建立数据库表之间永久关系的方法。

2. 掌握参照完整性的设置方法。

二、实验内容与步骤

1. 建立数据库表之间的永久关系

（1）打开 rsgl.dbc 及其"数据库设计器"窗口，分别拖动 zgqk 表、gz 表、kyqk 表和 bm 表子窗口的滚动条，使下方的索引列表显示出来。

（2）选择 zgqk 表作为主表，单击主索引标识 zgbh 将其拖曳到子表 gz 的索引标识 zgbh 上，建立一对一永久关系。

（3）将 zgqk 表的主索引标识 zgbh 拖曳到 kyqk 表的索引标识 zgbh 上，建立一对多永久关系。

（4）将 xb 表中的候选索引标识 bmbh 拖曳到 zgqk 表的索引标识 bmbh 上，建立一对多永久关系。

设置结果如实验图 6-1 所示。

（5）若要删除永久关系，右击关系连线，在快捷菜单中选择"删除关系"命令。

（6）关闭"数据库设计器"，保存永久关系。

注意：

① 建立永久关系的前提是：在主表和子表中都建立了相应的索引。主表要建立主索引或候选索引，子表要建立候选索引或普通索引。

② 永久关系保存在数据库中，是数据库的对象之一。永久关系建立后，它将作为"查询设计器"、"视图设计器"、"数据环境设计器"的默认连接条件。

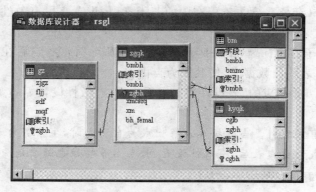

实验图 6-1 数据库表之间的永久关系

③ 与关联不同,永久关系不能控制不同工作区中数据表记录指针的联动。

2. 设置参照完整性。

(1) 打开 rsgl.dbc 及其"数据库设计器"窗口。

(2) 右击 zgqk 表和 gz 表之间的连线,在快捷菜单中选择"编辑参照完整性"命令;或者单击"数据库"下拉菜单中的"编辑参照完整性"命令,打开"参照完整性生成器"对话框。

(3) 设置 zgqk 表和 gz 表的更新规则为"级联",删除规则为"级联",插入规则为"限制";设置 bm 表和 zgqk 表的更新规则为"级联",删除规则为"忽略",插入规则为"限制",如实验图 6-2 所示。

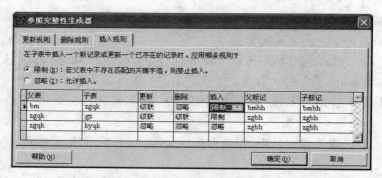

实验图 6-2 "参照完整性生成器"对话框

(4) 关闭"参照完整性生成器"对话框,保存设置。

(5) 验证数据表间的参照完整性设置。

① 打开 zgqk 表和 gz 表的"浏览"窗口。修改 zgqk 表中某个记录的 zgbh 字段值,单击 gz 表的"浏览"窗口,查看对应记录 zgbh 字段的变化。

② 单击 gz 表的"浏览"窗口,单击"显示"下拉菜单中的"追加模式"命令,追加一条新的空白记录。在新记录的 zgbh 字段中输入一个新的编号(zgqk 表中不存在的编号)。注意输入完该记录时出现的提示信息。

③ 逻辑删除 zgqk 表的一条记录,查看 gz 表中对应记录是否被逻辑删除。

（6）根据需要设置其他数据库表间的参照完整性并进行验证。

注意：

① 数据库必须以"独占"方式打开，才能保存参照完整性的设置。

② 系统默认的参照完整性规则是"忽略"。

③ 第一次打开"参照完整性生成器"时，可能会出现清理数据库的提示信息。单击"数据库"下拉菜单中的"清理数据库"命令，然后再设置参照完整性。

三、实验思考题

1. 为什么要建立数据库表之间的永久关系？

2. 建立永久关系的前提条件是什么？

3. 参照完整性可以设置哪些规则？

实验 7　查询与视图设计

一、实验目的与要求

1. 掌握利用"查询设计器"创建单表和多表查询的方法。

2. 掌握利用"视图设计器"创建本地视图的方法。

3. 掌握用视图更新数据的方法。

二、实验内容与步骤

1. 创建基于单表的查询。

（1）单击"文件"下拉菜单中的"新建"命令，或者单击常用工具栏上的"新建"按钮，打开"新建"对话框。选择"查询"项，单击"新建文件"按钮，打开"查询设计器"。

（2）在"添加表或视图"对话框中，选择 rsgl 数据库中的 zgqk 表，单击"添加"按钮将其添加到"查询设计器"中，单击"关闭"按钮关闭对话框。

（3）在"查询设计器"的"字段"选项卡中依次双击 zgbh、xm、csrq、zc、bmbh 这 5 个字段添加到"选定字段"列表中；在"排序依据"选项卡中选择排序字段为 csrq，指定升序排序。

（4）在"查询设计器"空白处右击鼠标，选择快捷菜单中的"运行查询"命令，或者单击工具栏上的"!"按钮运行当前查询。注意观察"浏览"窗口中显示的查询结果。

（5）关闭"浏览"窗口。在"查询设计器"中右击鼠标，选择快捷菜单中的"输出设置"命令，打开"查询去向"对话框，单击其中的"表"按钮，在"表名"文本框中输入 cxjg_zg. dbf，单击"确定"按钮，如实验图 7-1 所示。

单击工具栏上的"!"按钮，或在快捷菜单中选择"运行查询"，则系统将查询结果保存到 cxjg_zg. dbf 中。

（6）打开"数据工作期"窗口，在"别名"列表中选择 cxjg_zg，打开"浏览"窗口，查看结果。

（7）关闭"数据工作期"窗口。在"查询设计器"中右击鼠标，选择快捷菜单中的"查看SQL"命令，在编辑窗口中显示查询设置对应的 SQL 命令。

实验图 7-1 "查询去向"对话框

(8) 关闭"查询设计器",在弹出的保存文件对话框中设置文件名为 cx_zg1,单击"保存"按钮保存查询。

注意:在步骤(5)中保存的是查询运行的结果(文件名为 cxjg_zg.dbf),在步骤(8)中保存的是查询设置(文件名为 cx_zg1.qpr)。在 Windows"资源管理器"中可查看到这两个文件。

2. 创建基于相关表的查询。

(1) 打开"查询设计器",在"添加表或视图"对话框中依次添加 bm、zgqk 和 gz 共3个数据表。由于在数据库中这 3 个表已经设置了永久关系,其中 zm 是 zgqk 的主表,zgqk 是 gz 的主表,则"查询设计器"自动将永久关系添加进来。

(2) 依次将 zgqk.zgbh、zgqk.xm、zgqk.zc、gz.jcgz、xb.bmmc 字段添加到"选定字段"列表框中。

(3) 在"排序依据"选项卡中选择以 zgqk.zgbh 为排序条件。

(4) 单击工具栏上的"!"按钮运行查询,显示结果如实验图 7-2 所示。关闭"查询设计器",保存查询文件,文件名为 cx_zg2.qpr。

zgbh	xm	zc	jcgz	bmmc
199001	余建	高级工程师	1980.00	计算机系
199002	胡嘉	副教授	1800.00	经济系
199006	张力方	副教授	1980.00	工商系
199013	王尚云	教授	2470.00	计算机系
199310	许建国	教授	2470.00	计算机系

实验图 7-2 多表查询结果

注意:如果在关闭设计器保存查询时,出现"找不到某某列"的错误提示,只需在"连接"选项卡中将两个连接关系记录顺序交换即可,如实验图 7-3(a)、(b)所示。

类型	字段名	否	条件	值
↔ Inner Joi	zgqk.zgbh		=	gz.zgbh
↕ ↔ Inner Joi	bm.bmbh		=	zgqk.bmbh

(a)

类型	字段名	否	条件	值
↔ Inner Joi	bm.bmbh		=	zgqk.bmbh
↕ ↔ Inner Joi	zgqk.zgbh		=	gz.zgbh

(b)

实验图 7-3 改变"连接"选项卡记录顺序

3. 创建分组查询。

（1）新建查询，向"查询设计器"中添加 zgqk 表。在"字段"选项卡的字段列表中双击 zgqk.zc，然后在选项卡下方"函数和表达式"文本框中输入表达式 Count(zgbh)（也可以利用"表达式生成器"建立该表达式），单击"添加"按钮将该表达式添加到"选定字段"列表框中。

（2）在"分组依据"选项卡中设置 zgqk.zc 字段作为分组字段。

（3）在"排序依据"选项卡中设置 Count(zgbh) 表达式作为排序条件。

（4）运行查询，"浏览"窗口中显示出各类职称的人数，如实验图 7-4 所示。将查询保存为 cx_zg3.qpr。

4. 用"视图设计器"创建本地视图。

（1）打开 rsgl.dbc 及其"数据库设计器"。

（2）单击"文件"下拉菜单中的"新建"命令，在"新建"对话框中选择"视图"，单击"新建"按钮，打开"视图设计器"。

（3）在"添加表或视图"对话框中先后添加 zgqk、xb 和 kyqk 这 3 个表。

（4）将 zgqk.zgbh、zgqk.xm、xb.bmmc、kyqk.cgmc 字段添加到选定字段列表框中。

（5）在"排序依据"选项卡中设置 zgqk.zgbh 字段为排序条件。

（6）在"更新条件"选项卡的字段名列表框中，单击 zgqk.zgbh 字段前面的关键字列，出现"√"标记（若已经设置，则省略此步骤），再单击 kyqk.cgmc 字段前关键字列和可更新字段列。选中选项卡左下方的"发送 SQL 更新"复选框，如实验图 7-5 所示。

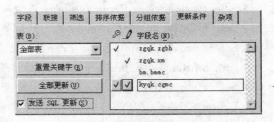

实验图 7-4　分组查询结果　　　　　　　实验图 7-5　设置更新条件

（7）单击工具栏上的运行按钮"！"运行视图，在"浏览"窗口中查看结果。关闭"视图设计器"，在"保存"对话框中输入视图名 cx_ky 保存视图。

（8）打开"数据工作期"窗口，"别名"列表中列出了新建的视图及其相关的数据表名。打开视图的"浏览"窗口，修改 kyqk.cgmc 字段内容，将"发电厂 MIS 系统的开发设计"替换为 Research of Query Strategy。在命令窗口中输入 Close All 命令，关闭"数据工作期"中所有打开的表和视图，然后再次打开 Kyqk 表，可以看到该表中 Cgmc 字段的内容已被改变。

注意：

① 用视图更新数据表有两个条件，一是要将更新字段标记"√"，二是必须选中"发送 SQL 更新"复选框。

② 上例中,视图的 4 个字段只有 cgmc 字段来源于 kyqk 表,尽管它在数据表中不是关键字,但若要将其设置为可更新字段,必须先把它的关键字列标记为"√"。

③ 一般情况下,不要更新数据表的关键字段,如 zgqk. zgbh、xb. bmbh 等。

④ 修改视图中的数据以后,关闭所有的相关数据表和视图,再次打开数据表可以查看到更新结果。更新结果也将同步反映到其他视图的同一字段中。

三、实验思考题

1. 查询和视图有哪些异同之处?

2. 怎样得到由"查询设计器"自动生成的 SQL 语句?

实验 8   SQL 语言的应用之一

一、实验目的与要求

熟练掌握 SQL 语言的数据查询命令 Select 的使用,包括条件查询、连接查询、嵌套查询、统计计算查询、分组查询、排序等。

二、实验内容与步骤

1. SQL 数据查询命令的应用。

使用 rsgl 数据库,输入下列 SQL Select 查询命令,分析命令功能,与执行结果对照。

(1) Select zgbh,xm,zc From zgqk

(2) Select zgbh,xm,zc,xw From zgqk Where "教授" $ zc

(3) Select xm,zc,jcgz From zgqk,gz Where zgqk. zgbh＝gz. zgbh And jcgz＞＝1000

(4) Select xm,zc,cgmc From kyqk,zgqk Where kyqk. zgbh＝zgqk. zgbh

(5) Select xm,zc,bmmc,cgmc From zgqk ;
Join bm On zgqk. bmbh＝bm. bmbh Join kyqk On zgqk. zgbh＝kyqk. zgbh

(6) Select xm From zgqk Where zc＝"教授" ;
Union Select xm From zgqk Where zgbh In (Select zgbh From kyqk)

(7) Select xm From zgqk Where xl Is Null

(8) Select Sum(jcgz) From gz Where zgbh In;
(Select zgbh From zgqk Where bmbh＝"108")

(9) Select xm,zc From zgqk,gz Where zgqk. zgbh＝gz. zgbh;
And jcgz＝(Select Max(jcgz)From gz)

(10) Select bmbh 部门编号,Min(jcgz＋zwgz) 最低工资,Max(jcgz＋zwgz);
最高工资 From zgqk,gz Where zgqk. zgbh＝gz. zgbh Group By bmbh

(11) Select bmmc 部门,Count(zgbh)人数 ;
From zgqk,bm Where bm. bmbh＝zgqk. bmbh ;
Group By bmmc Having Count(zgbh)＞＝4

(12) Select xm,bmbh,zc From zgqk Order By bmbh Desc

(13) Select * From gz Into Array x

(14) Select * From gz Into Cursor Lsb

2. 使用 rsgl 数据库,写出满足下列要求和连接查询的 SQL 命令。

(1) 在 zgqk 表中查询已婚职工的姓名和出生日期。

(2) 查询经济系和会计系的职工名单。

(3) 在 zgqk 表中查询男性职工的姓名和学历。

(4) 查询计算机系的教授和副教授的基本情况。

(5) 查询 1975 年以后出生的职工名单。

(6) 查询基础工资低于 2500 元的职工名单。

(7) 查询每个职工的科研成果,显示姓名、部门名称和成果名称。

(8) 查询每个职工的基础工资、职务工资、职绩工资,并显示姓名、部门名称、职称和学位。

(9) 查询工龄超过 25 年的职工名单,显示姓名、部门名称、职称和工龄。

3. 使用 rsgl 数据库,写出使用子查询的 SQL 命令。

(1) 查询有科研成果的职工名单。

(2) 查询没有科研成果的职工名单。

(3) 查询没有科研成果的部门名称。

(4) 查询有博士学位的职工所在部门的名称。

(5) 查询职称为"教授"且有科研成果的职工名单。

4. 使用 rsgl 数据库,写出分组和统计计算查询的 SQL 命令。

(1) 统计财政系的职工人数。

(2) 统计每个系的职工人数,显示部门名称和人数。

(3) 统计每个系的教授人数,结果按照教授人数降序排序。

(4) 统计全体职工的工资之和,工资包括基础工资、职务工资和职绩工资 3 项。

(5) 按部门统计基础工资超过 2500 元的人数。

(6) 查询科研成果最多的职工姓名。

(7) 查询科研成果最多的部门名称。

(8) 查询每个职工的职工号、姓名、应发工资(即基础工资、职务工资、职绩工资、福利奖金之和),结果存入永久表 zggz。

(9) 查询每个部门的实发工资总数(即基础工资、职务工资、职绩工资、福利奖金之和减去水电费和煤气费),字段包括部门名称、实发工资总数,结果按照实发工资总数降序存入临时表 sfgz。

5. 建立 xsgl(学生管理)数据库和数据表如下:

学生(学号,姓名,性别,出生日期,系号)

表名:**student**

字段名	sno	sname	sex	birthday	dno
字段类型	C	C	C	D	C
字段宽度	6	8	2		3

系(系号,系名,电话)

表名:dep

字段名	dno	dname	tel
字段类型	C	C	C
字段宽度	3	30	8

课程(课程号,课程名,学分,名额)

表名:course

字段名	cno	cname	credit	quota
字段类型	C	C	N	N
字段宽度	4	30	3,1	3

选课(学号,课程号,成绩)

表名:sc

字段名	sno	cno	grade
字段类型	C	C	n
字段宽度	6	4	3

利用所建立的 xsgl 数据库,使用 SQL Select 完成下列查询:

(1) 查询系号为 d01 的男学生信息。

(2) 查询所有学生某门课(如 C001)的成绩,并按成绩由高到低的顺序输出。

(3) 查询 89、90 两年出生的女同学的名单。

(4) 查询"计算机基础"课不及格的学生名单(输出学生的学号、姓名及成绩)。

(5) 查询同时选修了 C001 和 C002 的学生的学号。

(6) 查询选修了 C001、但没有选修 C002 的学生的学号。

(7) 查询至少选修了 C001 和 C002 中一门课的学生。

(8) 求女学生的学生总数。

(9) 查询有多少名同学计算机基础课不及格。

(10) 求每个系的学生数而不是求学生总数。希望得到类似下面的输出:

```
dno     count(*)
d01     120
d02     65
```

(11) 查询每个学生已获得的学分(注:成绩及格即取得相应课程的学分)。

(12) 查询学分大于 30 分的学生(只输出学号)。

(13) 查询从未被选修的课程。

实验 9　SQL 语言的应用之二

一、实验目的与要求

1. 熟练掌握 SQL 语言的数据修改命令的使用,包括数据插入命令 Insert、数据更新命令 Update、数据删除命令 Delete 的使用。

2. 掌握 SQL 数据定义命令的使用,包括 Create Table、Alter Table、Drop Table、Create View、Drop View 的使用。

二、实验内容与步骤

1. SQL 数据修改命令练习。

(1) 向 zgqk 表中插入一条记录,zgbh、xm、xb、xl、xw、zc 等字段的值分别为"199009"、"和红"、"女"、"研究生"、"博士"、"讲师"。

(2) 向 zgqk 表中插入 3 条记录,其 zgbh 字段的第一个字母均设置为"A",如"A00001"。

(3) 删除上题中插入的 3 条记录。

(4) 将 gz 表中 jcgz＋zwgz＜2000 的教师的 zwgz 增加 200 元。

(5) 将 zgqk 和 gz 表中 zc 字段值为"教授"的教师的 zwgz 增加 10％。

2. SQL 数据定义命令练习一。

(1) 利用 SQL 数据定义命令,创建 xsgl(学生管理)数据库和表,表的具体参数见实验 8"实验内容与步骤"中的第 5 部分。

(2) 为表 student 以 sno 字段为索引关键字建立主索引。

(3) 为 sc 表的 grade 字段增加有效性规则: grade＞＝0 And grade0＜＝100。

(4) 修改表 dep 的 dname 字段宽度为 35。

(5) 删除表 course 的 quota 字段。

(6) 为表 course 添加 quota(n,3)字段。

(7) 完成上述命令后用表设计器查看其结构。

(8) 按照 sc 表结构创建新表 sc1。

(9) 删除表 sc1。

(10) 利用教材中的 rsgl 数据库创建视图 age,字段包括 zgbh、xm、xb、zc、bmmc、nl,其中,nl 代表年龄。

(11) 删除视图 age。

3. SQL 数据定义命令练习二。

(1) 创建 yygl(营业管理)数据库和以下 3 个表,并以 3 个表的第一个字段建立主索引。

职员 (职员号 C(3),姓名 C(6),性别 C(2),组号 N(1),职务 C(10))

客户 (客户号 C(4),客户名 C(36),地址 C(36),所在城市 C(36))

订单 (订单号 C(4),客户号 C(4),职员号 C(3),签订日期 D,金额 N(6.2))

（2）为（1）题中职员表的"性别"字段设置有效性规则。

（3）为（1）题中职员表的"所在城市"字段设置默认值，如"北京"。

（4）为职员表增加一个字段——手机号码 C(11)。

（5）删除职员表中字段"组号"。

（6）使用 Select * From zgqk Into Table 职员 1 命令，复制职员表，然后删除"职员 1"表。

实验 10　结构化程序设计之一：顺序结构与分支结构

一、实验目的与要求

1. 掌握创建、修改、运行程序的方法。

2. 掌握程序参数的使用方法。

3. 掌握常用输入输出命令的使用方法，包括 Input、Accept、?、?? 等。

4. 掌握分支结构程序设计方法，包括 If、Do Case 命令等。

二、实验内容与步骤

1. 创建和运行程序 prog1.prg，输入以下程序：

```
Parameters x1,x2
?"两数相加的结果是:"
?x1+x2
?"两数相乘的结果是:"
?x1*x2
?"两字符串连接的结果是:"
?alltrim(str(x1))+alltrim(str(x2))
Return
```

保存程序为 prog1，在命令窗口用下列命令运行该程序，观察运行结果。

```
Do prog1 With 35.2,42.8
```

注意：用命令运行程序时，程序文件必须在默认路径中，或者在命令中包含程序文件所在的完整路径。

2. If 命令练习。

创建程序文件 prog2.prg 如下：

```
Clear
Wait Window␣"请按数字键 0-9!"␣To c
If Val(c)>=5
  ?"按的数字键为:"+c
Else
  ?"按的数字键小于 5!"
Endif
```

```
Return
```

运行程序,根据提示按键,观察输出情况。

3. 输入并运行程序 prog3.prg,实现从键盘输入 3 个整数,输出其中最大的一个。

```
Input   "x="␣To x
Input   "y="␣To y
Input   "z="␣To z
If x>y
    If x>z
        ?"最大值为",x
    Else
        ?"最大值为",z
    Endif
Else
    If y>z
        ?"最大值为",y
    Else
        ?"最大值为",z
    Endif
Endif
Return
```

4. 利用前面实验 8 中建立的 xsgl 数据库,创建程序 prog4.prg,实现输入某个学生姓名,查询并输出其学习成绩等级。

输入并运行程序:

```
Clear
Clear All
Open Database xsgl
Use student
Accep '请输入姓名:' To xm
Locate For sname=xm
no=sno
Use Sc
Select Avg(grade)From sc Where sno=no Into Array n
List Memo Like n*
Do Case
    Case n(1)>=90
        dj="优"
    Case n(1)>=80
        dj="良"
    Case n(1)>=60
        dj="中"
    Other
```

```
          dj="差"
   Endcase
   ?xm+'同学的成绩为：'+dj
   Close Database
   Return
```

5. 使用参数语句编写程序 prog5.prg,将 360 角度制的角转换为弧度制表示。

6. 利用 rsgl 数据库,创建程序 prog6.prg,实现输入某个职工姓名,查询并输出其实发工资,即基础工资、职务工资、职绩工资、福利奖金之和减去水电费和煤气费。

7. 利用 rsgl 数据库,创建程序 prog7.prg,实现输入某个职工姓名,查询并输出其应发工资数额(基础工资、职务工资、职绩工资、福利奖金之和),同时输出其应缴税额,应缴税额计算方法：基础工资、职务工资、职绩工资之和低于 2000 元不缴税;基础工资、职务工资、职绩工资之和在 2000~3000 元之间时,按 3 项之和的 1%缴税;基础工资、职务工资、职绩工资之和高于 3000 元时,按 3 项之和的 3%缴税。

三、实验思考题

1. Visual FoxPro 支持的分支结构控制语句有几种？ 它们执行时的特点是什么？
2. 分支结构控制语句的嵌套应注意什么？

实验 11 结构化程序设计之二：循环结构与子程序

一、实验目的与要求

1. 掌握循环结构程序设计方法,包括 Do While、For-Next、Scan 命令的使用。
2. 掌握子程序结构的程序设计方法,包括子程序、过程、自定义函数的使用。
3. 理解变量作用域的概念并能够应用。

二、实验内容与步骤

1. 循环命令练习：创建程序文件 findm.prg,实现用键盘输入 10 个数,找出其中的最大值和最小值。

```
Clear
Input "请输入第一个数" To a
Store a To mina,maxa
For i=2 to 10
  Input "请输入下一个数" To a
  If a>maxa
     Maxa=a
  Endif
  If a<mina
     Mina=a
  Endif
Endfor
```

```
?"最大值: ",maxa
?"最小值: ",mina
Return
```

2. 打印九九表。

```
Clear
For i=1 To 9
  For j=1 To i
    ??Str(i,1)+" * "+Str(j,1)+"="+Str(i*j,2)+Space(2)
  Endfor
?
Endfor
Return
```

3. 输入并运行程序,程序实现 sc(sc 表结构见实验 8)表中统计平均分在 100～90,89～80,79～70,69～60 和 60 分以下几个分数段的人数。

```
Clear
Dime cc(5)
i=1
Do While i<=5
  cc(i)=0
  i=i+1
Enddo
Select sno,Avg(grade) av From sc Group By sno Into Cursor Lsb
Sele Lsb
Go Top
Do While Not Eof()
  Do Case
  Case av>=90
    cc(1)=cc(1)+1
  Case av>=80
    cc(2)=cc(2)+1
  Case av>=70
    cc(3)=cc(3)+1
  Case av>=60
    cc(4)=cc(4)+1
  Otherwise
    cc(5)=cc(5)+1
  Endcase
  Skip
Enddo
Clear
?"90 分以上者:    "+Str(cc(1))+"人"
?"89 分到 80 分者:"+Str(cc(2))+"人"
```

```
?"79分到70分者: "+Str(cc(3))+"人"
?"69分到60分者: "+Str(cc(4))+"人"
?"60分以下者:   "+Str(cc(5))+"人"
Clear All
Return
```

4. 输入并运行程序,实现输出数字金字塔如右图。

```
Clear                                                      1
For k=1 To 5                                             121
  ??Space(50-k)                                        12321
  *输出前半行                                          1234321
  For j=1 To k                                       123454321
    ??str(j,1)
  Endfor
    *输出后半行
  For j=k-1 To 1 Step -1
    ??Str(j,1)
  Endfor
  ?
Endfor
Return
```

5. 过程、自定义函数的定义和调用,过程文件的使用。

过程文件 proc1. prg:

```
Function f1                    && 自定义函数 f1 用来计算阶乘
Para m
y=1
For i=1 To m
  y=y*i
Endfor
Return y
Procedure p2                   && 过程 p2 的功能是判断一个整数是几位数
Para y,n
n=0
y=Int(y)
Do While y>0
  n=n+1
  y=Int(y/10)
Enddo
Return
```

主程序 main. prg:

```
Set Procedure To proc1         && 打开过程文件
Input "n=" To n
```

```
Input "r=" To r
If n>=0 And r>=0 And n>r
    c=f1(n)/f1(r)/f1(n-r)
    ? "c=",c
Else
  ?"输入数据错误!"
Endif
?"输入一个整数,将输出它的位数。"
m=0
Input "i=" To i
Do p2 with i,m
?"其位数是: ",m
Set Proc To                          && 关闭过程文件
Return
```

6. 输入如下 abc.prg 和 xyz.prg 两个程序,观察执行命令 Do abc 后的结果。

```
**abc.prg
Store 10 To a,b,c
Do xyz With a,a+b,10
?a,b,c
?i,m,n
Return
**xyz.prg
Para x,y,z
Public i,m
Store 5 To i,m,n
i=x+y
x=y+z
y=m+n
?x,y,z
Return
```

7. 编写程序输出下面图形(提示:"A"的 ASCII 值为 65,可以利用 Chr 函数)。

A

ABA

ABCBA

ABCDCBA

ABCDEDCBA

8. 编写一个用户自定义函数 Sign-1(),当自变量为正整数时,返回 1;当自变量为负数时,返回-1;当自变量为零时,返回 0。

9. 利用 rsgl 数据库,创建程序 yfgzjs.prg,查询并输出每个职工的实发工资,即基础工资、职务工资、职绩工资、福利奖金之和减去水电费和煤气费。要求以表格形式输出职工编号、姓名和实发工资。

三、实验思考题

1. Visual FoxPro 支持的循环结构控制语句有几种？
2. 哪种循环结构控制语句可以事先设定循环次数？
3. 使用 Do While 循环控制语句应特别注意避免出现什么情况？

实验 12　表单与控件之一：登录类表单的创建

一、实验目的与要求

1. 学习表单设计器的使用。
2. 学习在表单中添加标签、文本框和按钮等控件。
3. 掌握表单及表单上对象属性的设置，理解主要属性的意义。
4. 掌握数据环境的简单应用。

二、实验内容与步骤

存储客户账号和密码的表 guest.dbf 的结构与记录数据如下表所示。

表结构：guest(姓名 C(8)，账号 C(15)，密码 C(15))；

guest 表中记录数据

姓名	账号	密码
郝志	jn@081429	133156
裴新	qd@094987	Frly0478

依据此表设计登录表单。

1. 用表单设计器创建表单，设置表单属性。

（1）单击"文件"下拉菜单中的"新建"命令，或"常用"工具栏上的"新建"按钮，打开"新建"对话框。在对话框的"文件类型"中选定"表单"选项，单击"新建文件"按钮，打开"表单设计器"窗口。

（2）在表单空白处右击，了解快捷菜单上的各命令项及其作用。单击主菜单上的"显示"和"表单"两个菜单项，了解这两个菜单项上的各个命令及其作用。

（3）在表单属性对话框中设置表单属性如下：

```
Caption 属性为：Dtoc(Date())
AutoCenter 属性为：.t.
WindowType 属性为：1-模式
```

（4）为表单添加新属性：

单击"表单"下拉菜单中的"新建属性"命令，在打开的"新建属性"对话框的"名称"文本框中输入属性名 i，单击"添加"按钮。之后在"属性"对话框中将 i 属性的初值设置为 0。

（5）单击"常用"工具栏上的"保存"按钮，将表单保存为"登录对话框.scx"。

2．设置表单数据源。

在表单空白处右击，在快捷菜单中选择"数据环境"命令，打开数据环境设计器窗口，在同时打开的对话框中选择 guest.dbf，添加到数据环境中。

3．向表单中添加控件。

（1）打开"登录对话框"表单，如果环境中没有"表单控件"工具栏，选中"显示"菜单上的"表单控件工具栏"选项，就会弹出"表单控件"工具栏。

（2）在表单中添加两个标签、两个文本框、两个命令按钮，设置属性如下表所示：

对象	属　性	属性值	对象	属　性	属性值
Label1	Caption	请输入账号：	Text2	PasswordChar	*
Label2	Caption	请输入密码：	Command1	Caption	确定
Text1	PasswordChar	*	Command2	Caption	取消

4．编写代码。

（1）Command1 的 Click 事件过程代码如下：

```
Set Exact On
Thisform.I=Thisform.I+1
Locate For Thisform.Text1.Value=账号
If Found()
    If Thisform.Text2.Value=密码                    && 账号和密码均正确
        Messagebox("欢迎进入本系统!",48)
        Thisform.Release
    Else                                            && 账号正确但密码不正确
        If Thisform.I=3                             && 第三次输错,退出
            Messagebox("不是本系统的合法用户!禁止进入本系统!")
            Thisform.Release
            Return
        Endif
        Messagebox("密码错,请重新输入密码!")
        Thisform.Text2.Value=""
        Thisform.Text2.Setfocus
    Endif
Else                                                && 账号不正确
    If Thisform.I=3                                 && 第三次输错,退出
        Messagebox("不是本系统的合法用户!禁止进入本系统!")
        Thisform.Release
        Return
    Endif
    Messagebox("账号错,请重新输入!")
    Thisform.Text1.Value=""
```

```
    Thisform.Text2.Value=""
    Thisform.Text1.Setfocus
Endif
```

（2）Command2 的 Click 事件过程为：

```
Thisform.Release
```

5. 保存表单设计，运行表单，分别用正确和错误的登录方式进行登录，掌握程序的运行过程。

三、实验思考题

1. Visual FoxPro 支持的基类有几种？它们各有什么特点？
2. 怎样在表单上添加控件并设置它们的属性？
3. 为什么要设置表单的数据环境？

实验 13 表单与控件之二：查询类表单的创建

一、实验目的与要求

1. 进一步学习"表单设计器"的使用。
2. 学习在表单中使用选项按钮组、复选框、表格、列表框、组合框等控件。
3. 掌握上述对象属性的设置，掌握数据绑定的意义。
4. 进一步学习表单数据环境的设置。

二、实验内容与步骤

1. 组合框和列表框使用。

（1）新建一个空白表单，在表单中放入列表框 List1，将 List1 的 RowSourceType 设置为 1，在表单上添加 3 个命令按钮，分别设置 Caption 属性为"添加"、"移除"、"清除"，同时设置"添加"按钮的 Click 事件过程为：

```
Thisform.List1.Additem("xxxxx")
```

设置"移除"按钮的 Click 事件过程为：

```
Thisform.List1.Removeitem(1)
```

设置"清除"按钮的 Click 事件过程为：

```
Thisform.List1.Clear
```

运行表单，依次单击各按钮，了解列表框中的内容的变化情况。

（2）在表单上添加一个组合框，与上面列表框一样进行属性设置和处理，了解组合框与列表框的异同。

将组合框的 Style 属性设置为"2-下拉列表框"，运行表单，比较与 Style 属性设置为默认值"1-下拉组合框"之间的差别。

2. 表格使用。

（1）新建一个空白表单，在表单上添加一个表格控件 Grid1，不更改它的 RecordSourceType 属性（仍为默认值"1-别名"），设置它的 RecordSource 属性为 zgqk，运行表单，了解表格控件的显示内容。

（2）更改表格控件属性的布局选项卡上的 ColumnCount 属性为 4，在属性窗口对象下拉列表中选择 Grid1 的 Column1，设置它的 ControlSource 属性为 zgqk. xm，再在属性窗口对象下拉列表中选中 Column1 中的 Header1，设置它的 Caption 属性为"姓名"，Alignment 属性为"2-居中"。此操作的目的是使表格的第一列用来显示数据环境中的 zgqk 表中的 xm 字段。

（3）用同样的方法，使表格的另外 3 个列依次显示 zgqk 表中的 xb、zc、csrq 这 3 个字段。

（4）适当调整各表格列的宽度（在表格处于编辑状态时将鼠标移到表格列的表头间隔上，当为左右箭头时按下鼠标左键拖动可调整它的宽度）。

（5）运行表单，可以看到表格控件的显示按设计者所设置的那样显示数据环境中 zgqk 表中的指定字段。

（6）在表单运行状态时，对表格控件中的显示内容进行修改，如果修改内容不违反数据库表的完整性约束以及数据库表间参照完整性，则表中的内容将被改变。改变后，关闭表单，再打开 zgqk 表进行浏览，可以了解表中的内容是否被改变。

3. 复选框使用。

（1）在以上所建表单上添加一个复选框 Check1，设置它的 ControlSource 属性为 zgqk. hf，Caption 属性为"婚否"，再在 Grid1 的 AfterRowColChange 事件过程中添加代码：Thisform. Check1. Refresh。

AfterRowColChange 事件是在表格的当前行或当前列改变的时候触发。此段程序代码的功能是在表格的当前行或当前列改变的时候对选项按钮组进行刷新，以便及时反映当前记录的值。

（2）为使在单击复选框使表中数据改变后能立即在表格中显示，在 Check1 的 InteractiveChange 事件过程中添加代码：Thisform. Grid1. Refresh。

（3）运行表单，单击表中的记录，复选框是否选中将随着记录值的改变而变化。对于指定的记录，单击复选框，将使表格控件中的显示内容随之变化。

复选框具有 ReadOnly 属性，如果不允许用单击来改变复选框值的时候，可设置它的 ReadOnly 属性为 . T. 。

4. 选项按钮组使用。

（1）新建一个空白表单，保存为教师查询. scx 文件。在表单上添加一个表格控件 Grid1，设置它的 RecordSourceType 属性为"4-SQL 说明"。

（2）更改表格控件属性的布局选项卡上的 ColumnCount 属性为 3，在属性窗口对象下拉列表中选择 Grid1 的 Column1，设置它的 ControlSource 属性为 zgqk. xm，再在属性窗口对象下拉列表中选中 Column1 中的 Header1，设置它的 Caption 属性为"姓名"，Alignment 属性为"2-居中"。此操作的目的是使表格的第一列用来显示数据环境中的

zgqk 表中的 xm 字段。使用类似的方法将表格的第二、三列设置为显示 zgqk 中的 xl、zc 字段。

（3）在表单上再添加一个选项按钮组 OptionGroup1，打开选项按钮组生成器，将按钮布局改为"水平排列"，并将按钮个数设为 3 个，每个按钮的 Caption 属性分别设置为"计算机系"、"经济系"和"会计系"。在 OptionGroup1 的 Click 事件过程中添加如下代码：

```
Do Case
  Case This.Value=1
    Thisform.Grid1.RecordSource="Sele xm,xl,zc From zgqk ;
    Where bmbh=(Sele xbbh From bm Wher bmmc='计算机系')Into Cursor Grid1"
  Case This.Value=2
    Thisform.Grid1.RecordSource="Sele xm,xl,zc from zgqk ;
    Where bmbh=(Sele bmbh From bm Wher bmmc='经济系') Into Cursor Grid1"
  Case This.Value=3
    Thisform.grid1.RecordSource="Sele xm,xl,zc From zgqk;
    Where bmbh=(Sele bmbh From bm Wher bmmc='会计系') Into Cursor Grid1"
Endcase
```

（4）运行表单，单击选项按钮选择"计算机系"、"会计系"或者"经济系"，表格中将显示相应部门中的职工记录。

5. 建立查询表单。

（1）新建一个表单，保存为工资查询.scx 文件。打开表单设计器，在表单的数据环境中添加 zgqk 表和 gz 表，由于这两个表中存在永久关系，所以添加表时，将显示这种关系，父表为 zgqk 表，子表为 gz 表。

（2）在表单上添加一个组合框控件 Combo1，属性设置如下：

- RowSourceType：　　　6-字段
- RowSource：　　　　　zgqk. xm
- Style：　　　　　　　2（作为下拉列表框使用，下拉列表框本身具有只读属性）

（3）在表单上添加一个表格控件 Grid1，属性设置如下：

- Columncount：　　　　　　4
- Recordsource：　　　　　　gz
- Column1. ControlSource：　gz. jcgz
- Column1. Header1. Caption：基础工资
- Column2. ControlSource：　gz. zwgz
- Column2. Header1. Caption：职务工资
- Column3. ControlSource：　gz. zjgz
- Column3. Header1. Caption：职绩工资
- Column4. ControlSource：　gz. fljj
- Column4. Header1. Caption：福利奖金
- Column5. ControlSource：　gz. sdf
- Column5. Header1. Caption：水电费

- Column6. ControlSource：　gz. mqf
- Column6. Header1. Caption：　煤气费

（4）运行此表单，从下拉列表中选择一个名字，观察表格中的数据变化。

三、实验思考题

1. 怎样进行数据绑定？其作用是什么？
2. 什么是事件？怎样编辑事件过程代码？
3. 有哪些内容可以添加到表单的数据环境中？

实验 14　表单与控件之三：计算类表单的创建

一、实验目的

1. 进一步学习"表单设计器"的使用。
2. 进一步熟悉各类控件的使用。
3. 熟悉一些常用的算法。

二、实验内容与步骤

1. 设计一个求奇数和的表单，如实验图 14-1 所示。表单的功能为：用户输入一个大于 1 的奇数，单击命令按钮可以计算并显示出从 1 到该奇数之间所有奇数的和（包括该奇数）。

（1）新建一个空白表单，保存为表单文件：求奇数和. scx。将表单的 Caption 属性改为"求奇数和"。

（2）在表单上添加一个标签控件 Label1，设置其 Caption 属性为"请输入大于 1 的奇数："；在其右边同一水平位置添加一个文本框控件 Text1。

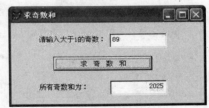

实验图 14-1

（3）在表单上添加一个标签控件 Label2，设置其 Caption 属性为"所有奇数和为："；在其右边同一水平位置添加一个文本框控件 Text2。

（4）在表单上添加一个命令按钮控件 Command1，设置其 Caption 属性为"求奇数和"；在 Command1 的 Click 事件中添加如下代码：

```
i=1                           && 用于循环结构
s=0                           && 用于求奇数和
a=Val(Thisform.Text1.Value)   && 用于获取 text1 中的值并转换为数值型数据
If Int(a/2)=a/2
    Messagebox("请输入奇数!")
    Thisform.Text1.Value=""
    Thisform.Text1.Setfocus
Else
    Do While i<=a
        s=s+i
        i=i+2
    Enddo
```

```
        Thisform.Text2.Value=s
    Endif
    Return
```

（5）运行表单，在 Text1 中输入一个奇数，单击"求奇数和"按钮，Text2 中将显示 1 到该奇数之间所有奇数的和（包括该奇数）。

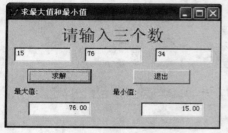

实验图 14-2

2. 设计一个求最大值和最小值的表单，如实验图 14-2 所示。表单功能为用户输入 3 个数，可以比较并显示出其中的最大值和最小值。

（1）新建一个空白表单，保存为表单文件：求最大值最小值.scx。将表单的 Caption 属性改为"求最大值和最小值"。

（2）在表单上添加一个标签控件 Label1，设置其 Caption 属性为"请输入三个数"；在其下边同一水平位置添加 3 个文本框控件 Text1、Text2、Text3，用来输入 3 个数。

（3）在表单上再添加两个标签控件 Label2、Label3，将 Label2 的 Caption 属性设置为"最大值："，将 Label3 的 Caption 属性设置为"最小值："；在其下边同一水平位置添加两个文本框控件 Text4、Text5，分别用来显示最大值和最小值。

（4）在表单上添加两个命令按钮 Command1、Command2，将 Command1 的 Caption 属性设置为"求解"，将 Command2 的属性设置为"退出"。在 Command2 的 Click 事件中添加一句代码：Thisform. Release。在 Command1 的 Click 事件中添加如下代码：

```
n1=Val(Thisform.Text1.Value)
n2=Val(Thisform.Text2.Value)
n3=Val(Thisform.Text3.Value)
If n1>n2
    max=n1
    min=n2
Else
    max=n2
    min=n1
Endif
If max<n3
    max=n3
Else
    If min>n3
        min=n3
    Endif
Endif
Thisform.Text4.Value=max
Thisform.Text5.Value=min
```

（5）运行表单，在 Text1、Text2、Text3 中分别输入一个数，单击"求解"按钮，Text4 中将显示 3 个数中的最大值，Text5 中将显示 3 个数中的最小值。

三、实验思考题

1. 设计求偶数和的表单。表单功能为用户输入一个大于 1 的偶数,表单可以计算并显示从 1 到该偶数之间所有偶数的和(包括该偶数)。

2. 设计计算二项式系数 $C_n^r = \dfrac{r!}{n! \times (n-r)!}$ 的表单。表单功能为用户输入 n 和 r 的值,表单可以计算并显示二项式系数。

实验 15　菜单的设计与应用

一、实验目的

1. 掌握菜单设计器的使用。
2. 学会在主表单中调用菜单的方法。

二、实验内容与步骤

1. 用菜单设计器设计菜单。

(1) 单击"文件"下拉菜单中的"新建"命令,或"常用"工具栏上的"新建"按钮,打开"新建"对话框。在对话框的"文件类型"中选定"菜单"选项,单击"新建文件"按钮,出现"新建菜单"对话框,单击"菜单"按钮,打开菜单设计器。

(2) 所建菜单的菜单项分别为"数据维护"、"数据查询"、"退出",其中的"数据维护"、"数据查询"菜单的子菜单项如下。

- "数据维护":"职工情况"、"科研情况"、"部门情况"。
- "数据查询":"职工查询"、"工资查询"。
- "退出菜单":不是子菜单,改为命令,直接输入退出 Visual Foxpro 的命令:Quit。

编辑相应的子菜单,将它们都设置为命令,其命令设置为调用已有的表单,没有表单的命令暂时为空。例如,在"职工查询"菜单项输入命令:

```
Do Form bmryxxcx.scx
```

(3) 单击表单设计器中的"预览"按钮,观看主菜单与各菜单项的情况。

(4) 执行 Visual FoxPro 菜单中的"显示/常规选项"菜单,打开"常规选项"对话框,选中该对话框中的"顶层表单"复选框,单击"确定"按钮。

(5) 执行"文件/另存为"菜单命令,将该菜单保存为名为"主菜单"的菜单格式文件。

(6) 执行 Visual FoxPro 菜单中的"菜单/生成"命令,在"生成菜单"对话框中,设置输出文件是工作文件夹中的"主菜单.mpr"文件。

2. 在主表单中调用主菜单。

(1) 创建一个名为"主表单"的新表单。

(2) 在表单中添加一个标签,设置其 Caption 属性为"欢迎使用人事管理系统",设置格式为隶书、红色、36 号字。

(3) 设置主表单的 MDIForm 为".t."、ShowWindow 为"2-作为顶层表单"。将菜单

所要调用的各表单的 ShowWindow 属性均设置为"1-在顶层表单中"。

（4）在主表单的 Init 事件过程中添加如下命令代码：

```
Do 主菜单.mpr With This,.T.
```

（5）运行主表单，应能看到并执行标题栏下的主菜单。

三、实验思考题

1. Visual FoxPro 支持几种菜单？它们各有什么特点？

2. 怎样在主表单中调用菜单？

实验 16　报表的设计

一、实验目的与要求

1. 掌握报表向导的使用。

2. 学会创建基于单个表的报表。

3. 学会创建一对多报表。

4. 掌握用报表设计器修改报表的方法，熟悉报表控件的使用方法。

5. 掌握在表单中调用报表的方法。

二、实验内容与步骤

1. 用报表向导创建基于单个表的报表。

（1）单击"文件"下拉菜单中的"新建"命令，打开"新建"对话框，在文件类型中选择"报表"，然后单击"向导"按钮，弹出"向导选取"对话框。

（2）在"向导选取"对话框中选择"报表向导"，单击"确定"按钮。

（3）在字段选取中选择 zgqk 表中除 jl 和 zp 之外的所有字段，不选择分组方式，报表样式选择"账务式"，选择布局为单列纵向，以 zgbh 排序，以"职工信息"为名保存。在资源管理器里检查生成的文件。

（4）打开报表设计器，对生成的报表进行修改，使各字段显示内容更合理，界面更美观。在修改的时候，注意报表控件工具栏、布局工具栏以及主菜单上显示、格式、报表 3 个菜单项中各命令项的使用，并注意用预览方式了解报表的实际布局情况。

2. 用报表向导创建一对多报表。

（1）在"向导选取"对话框中选择"一对多报表向导"。

（2）选择 zgqk 表为父表，选中其中的 zgbh、xm、bmbh 字段，再以 gz 为子表，选择表中的所有字段。

（3）在为表建立关系的步骤中，以 zgbh 字段在两个表之间建立关系，然后以父表的 bmbh 和 zgbh 字段作为排序依据，再设置样式为"账务式"，再把报表标题改为"职工工资"，保存报表文件名为"职工工资"，并用预览来观看报表打印的样式。

（4）生成一对多报表后，通过"文件"菜单中的"打开"命令，打开已生成的报表，显示报表设计器。在报表的数据环境中添加 bm 表，双击报表设计器中组标题部分的 bmbh

域控件,打开表达式生成器,将它改成 bm 表中的 bmmc 字段。

（5）适当修改标题部分的显示格式,将组标头部分表示 zgbh、xm 和 bmmc 的域控件和标签排成一行,并适当缩小组标头占用的高度,调整时注意运用布局工具栏,并注意格式菜单上的"对齐格线"菜单项在选中与不选中时对报表设计的影响。

（6）将组注脚部分区域的高度拉至零,使报表中每行不留空隙。在报表设计时,可以用快捷菜单（右击报表设计器）中的预览命令来对修改的效果进行观察。

3.在表单中调用报表。

（1）打开实验 13 中创建的查询表单"职工查询",在表单适当位置处添加一个命令按钮,设置它的 Caption 属性为"打印",它的 Click 事件过程为:

```
Report Form 职工工资.frx Noconsole Preview
```

如果不经预览就将内容输出到打印机,则可以添加以下代码:

```
Application.Visible= .T.
Report Form 职工工资.frx Noconsole To Printer Prompt
Application.Visible= .F.
```

程序中,Noconsole 是为了防止打印时将内容同时输出到主窗体上,Preview 是打开打印预览,Prompt 是打开打印设置对话框。

（2）运行表单,单击"打印"按钮,了解报表的调用情况。

三、实验思考题

1.为什么需要设计报表?

2.怎样为报表提供数据源?

实验 17　项目管理器的使用

一、实验目的与要求

1.学习建立项目文件,了解项目管理器的结构及其使用。

2.学习使用项目管理器对文件进行各种操作。

二、实验内容与步骤

1.创建项目文件。

使用"文件"菜单中的"新建"命令创建一个新的项目文件 rsgl;或者在命令窗口中输入命令:

```
Create Project [路径]rsgl
```

注意:在 Visual FoxPro 中创建新文件时,一定要注意新建文件的保存位置（系统默认的工作目录或者指定路径的保存位置）。

2.使用项目管理器。

（1）创建新的项目文件 rsgl.pjx 后,系统自动打开"项目管理器-rsgl",如实验

图 17-1 所示。依次单击项目管理器中的"全部"、"数据"、"文档"、"类"、"代码"和"其他"选项卡,了解各选项卡的层次结构及其中包含的文件类型;了解各命令按钮的功能。

（2）选定某个选项卡,单击"添加"命令按钮,往项目文件中添加前面实验中已经建立的诸如数据库、自由表、查询、表单、报表、程序、菜单等各种不同类别的 Visual FoxPro 文件。如实验图 17-2、实验图 17-3 所示即为在"数据"选项卡和"文档"选项卡中添加了文件后的状况。

（3）熟悉调整项目管理器的大小、位置,折叠与展开,拆分、工具栏化、关闭等操作。

用户可以根据使用需要来改变项目管理器的外观形态,具体操作如下:

① 折叠/展开窗口:单击窗口右侧的"↑"按钮,可以将工作区折叠隐藏,只显示选项卡标签;单击"↓"按钮可展开工作区还原成正常状态,如实验图 17-4 所示。

实验图 17-1　项目管理器"全部"选项卡

实验图 17-2　项目管理器"数据"选项卡

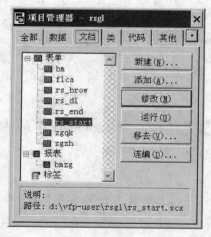

实验图 17-3　项目管理器"文档"选项卡

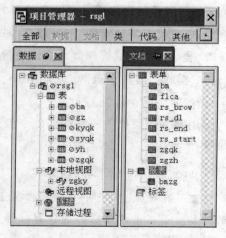

实验图 17-4　项目管理器的折叠与拆分

② 拆分窗口：将选项卡拖离标签栏，可使其成为独立的浮动窗口。单击浮动选项卡上的图钉图标，可以将选项卡固定为"顶层显示"。

③ 将"项目管理器"转变成工具栏：将"项目管理器"的标题栏拖至系统工具栏上即可。

（4）如果项目文件中没有包含任何其他文件的信息，当关闭"项目管理器"时，系统显示如实验图 17-5 所示的提示对话框，询问是否保留刚建立的新项目文件。若单击"保持"按钮，则新建的空项目文件保存到指定的位置，否则从磁盘上删除。

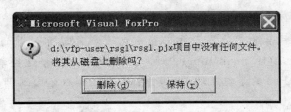

实验图 17-5　关闭空项目文件提示框

三、实验思考题

1. 建立项目文件的菜单操作和命令方式有哪些异同点？

2. 当创建一个新的项目文件时，Visual FoxPro 系统实际建立了几个文件？各自的文件扩展名是什么？表示什么含义？

3. 项目管理器的数据选项卡中主要显示什么内容？能在其中建立新的数据库、数据表等文件吗？

实验 18　应用系统的组装、连编

一、实验目的与要求

1. 掌握应用系统程序运行环境设置。

2. 掌握使用项目管理器将所需要的文件添加到项目文件中。

3. 学习在项目管理器中组装、连编应用程序。

二、实验内容与步骤

1. 设置、建立主控程序。

（1）在项目的"代码"选项卡中选中"程序"。若已建立了系统主控程序，单击"添加"按钮，将主控程序添加到项目文件中。

（2）若尚未建立主控程序，则单击"新建"按钮，打开程序编辑窗口，添加如下代码：

```
* 应用系统主控程序 rs_main.prg
Clear All                         && 释放内存变量
Close All                         && 关闭所有打开的数据库、表、索引等文件
Set Talk Off                      && 关闭命令结果显示
Set Default To Sys(5)+Sys(2003)   && 设置当前驱动器和目录为默认工作目录
```

```
Set Path To Sys(5)+Sys(2003)+"\"        && 设置当前驱动器和目录为文件搜索路径
Do Form rs_dl.scx                        && 调用系统登录表单
Do rs_setup                              && 调用系统初始化程序
Do Form rs_start.scx                     && 调用系统开始表单
Read Events                              && 建立事件控制循环
Do rs_main.mpr                           && 调用系统主菜单,其中要包含 Clear Events
Do rs_end                                && 调用系统结束程序
Quit                                     && 退出应用系统,返回操作系统
```

（3）将该程序文件设置为主文件,即在系统启动时首先调用的文件。

注意：在启动系统后的用户界面中必须有结束事件循环控制的命令 Clear Events。本例中是在系统主菜单(rs_main.mpr)中的"退出"命令中包含这条命令。这条命令用来保证挂起 Visual FoxPro 的事件处理过程,并将运行控制权返回到调用执行 Read Events 命令的主控程序中。

2. 项目组装。

1）整理、添加文件

（1）整理前面 Visual Foxpro 实验中建立的所有文件。将应用系统（如教材中的人事管理信息系统 rsgl）的数据库、数据表、查询、视图、表单、报表、菜单、程序等文件逐一进行检查,清除与"人事信息管理系统"无关的文件,并保证所保留的各类文件均能正常打开或运行；保证主控文件设置正确,事件触发机制能正确地打开和关闭。

（2）打开项目文件,在项目管理器中检查上述所有文件是否都已包含在项目文件中。按分类向项目中添加文件。如在"数据"选项卡中可以添加数据库、数据表、查询、视图等文件；在"文档"选项卡中可以添加表单、报表、标签等文件；在"类"选项卡中添加类库文件；在"代码"选项卡中添加程序文件；在"其他"选项卡中添加菜单、文本、图像、图标等文件。

（3）执行"项目"菜单中的"清理项目"命令,可以对项目进行清理,使得项目中的所有文件处于正常检索状态,不会因出现文件找不到的错误而使连编发生错误。

2）设置主文件

主文件是应用系统的起始点。用户启动应用系统时,首先运行主文件。在 Visual FoxPro 系统中,程序、表单、菜单、查询等文件都可以设置为主文件,但以程序文件为好。设置方法如下：

在项目管理器中选中要设置为主文件的程序文件,选择"项目"菜单中的"设置主文件"命令；或者单击文件,在弹出的快捷菜单中选择"设置主文件"命令,如实验图 18-1 中的 rs_main 所示。

3）文件的排除与包含设置

Visual FoxPro 系统将一个项目编译成一个应用系统程序时,会将项目中包含的所有文件组合成一个统一的应用系统程序文件。在应用系统

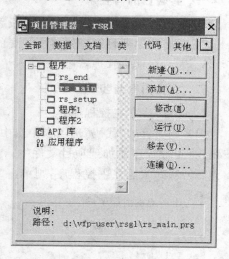

实验图 18-1　设置主文件

程序运行过程中,有些文件不允许修改,而有些文件又需要修改,因此要设置文件的排除或包含。被排除的文件在系统运行时可以修改,被包含的文件则不能修改。设置方法如下:

选定文件后,在"项目"菜单或快捷菜单中选择"排除"或者"包含"命令,如实验图 18-2 所示。

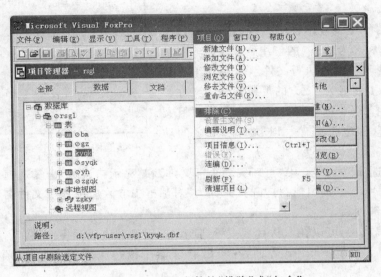

实验图 18-2 设置文件的"排除"或"包含"

4) 设置项目信息

选择"项目"菜单中的"项目信息"命令,可以在"项目信息"对话框中设置开发者的姓名、单位,工作目录,是否加密,附加图标等一些基本信息,如实验图 18-3 所示。

实验图 18-3 "项目信息"对话框

3．连编应用系统。

（1）选择已设置为主文件的文件，单击"连编"按钮，打开"连编选项"对话框，如实验图 18-4 所示。

（2）在"操作"框中有 4 个单选按钮供选择：

① 若选择"重新连编项目"项，则创建、连编项目文件。

② 若选择"连编应用程序"项，则连编项目文件，并生成扩展名为 .app 的应用程序文件。

③ 若选择"连编可执行文件"项，则连编项目文件，并生成扩展名为 .exe 的可执行程序文件。

④ 若选择"连编 COM DLL"项，则将项目文件中的类信息创建成具有 .dll 文件扩展名的动态链接库。

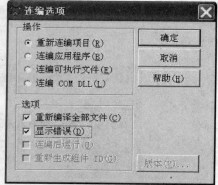

实验图 18-4　"连编选项"对话框

（3）在"选项"框中，选中"重新编译全部文件"和"显示错误"两个复选框。

（4）单击"确定"按钮，在打开的"另存为"对话框中输入应用程序文件名，单击"保存"按钮，开始连编项目。

如果连编成功，可以在默认目录中看到连编所得到的应用程序文件。

（5）关闭 Visual FoxPro 界面，在资源管理器中执行应用程序文件，看是否能正常运行。

（6）在应用程序所在的文件夹中新建一个文件，名为 config.fpw。该文件可用文本文件创建，但注意其文件扩展名应为 .fpw 而不是一般文本文件的 .txt。最好在资源管理器中设置文件扩展名为可见。该文件中只有一条语句：Screen＝Off；其作用是在应用程序运行时，不打开 Visual Foxpro 的背景窗口。

三、实验思考题

1．什么是主文件？ 在 Visual FoxPro 系统中哪些文件可以作主文件？ 一般用什么文件作主文件为好？

2．在主控程序中应包含哪些主要的功能？

3．为什么要设置文件的"排除"或者"包含"？ 一般情况下，哪些文件应设置为"排除"？ 哪些文件应设置为"包含"？

4．开发的应用系统中若用到了非 Visual FoxPro 文件，如图像、图标等，怎样让它们成为应用系统的组成部分？ 放在什么位置？

5．连编生成的应用系统程序有几种？ 它们有何差异？

中篇　学习指导与习题

第 1 章　Visual FoxPro 语言基础

本章首先简要介绍了 Visual FoxPro 系统的特点、用户界面和主要操作方式等;然后详细介绍了 Visual FoxPro 的各种语言成分,包括系统支持的数据类型、常量、变量、函数、表达式等;最后介绍了 Visual FoxPro 系统提供的常用函数和系统设置命令。

1.1　学习提要

1. 学习目标与要求

通过本章学习,读者应达到以下要求:

(1) 了解 Visual FoxPro 系统的基本特点,熟悉并掌握 Visual FoxPro 的用户界面、交互式工作方式、系统环境参数的设置方法等。

(2) 熟练掌握 Visual FoxPro 的命令格式及命令窗口操作。

(3) 了解 Visual FoxPro 系统的向导、设计器和生成器的使用。

(4) 理解数据类型的概念,掌握 Visual FoxPro 所支持的各种数据类型的表示方法、取值范围、运算方式。

(5) 理解常量的概念,掌握不同数据类型常量的表示方法。

(6) 理解变量的概念,掌握内存变量的定义方法及使用方法。

(7) 理解表达式的概念,理解各种运算符的含义、作用,掌握表达式的运算、应用。

(8) 理解函数的概念,掌握函数的格式和 Visual FoxPro 常用函数的功能及使用。

(9) 了解常用 Visual FoxPro 系统设置命令的使用。

2. 重点与难点

(1) 本章重点:Visual FoxPro 命令格式及其操作;数据类型;常量、变量、函数的表示方法、使用方法;各类运算符及其构成的表达式的特点、运算规则;常用函数的格式、功能及分类。

(2) 本章难点:Visual FoxPro 命令格式;数据类型;内存变量的使用;运算符与表达式;常用函数功能。

3. 主要知识点

1) Visual FoxPro 系统

(1) Visual FoxPro 系统的特点、运行环境和性能指标。

（2）Visual FoxPro 系统用户界面：菜单系统、工具栏、工作区、状态栏、命令窗口。

（3）Visual FoxPro 的工作方式：菜单操作、命令窗口、程序方式。

（4）Visual FoxPro 系统运行环境参数的设置。

（5）Visual FoxPro 命令格式及命令窗口操作。

（6）Visual FoxPro 向导、设计器、生成器的使用。

2）数据类型、常量、变量和函数

（1）Visual FoxPro 支持的数据类型：字符型（C）、数值型（N）、货币型（Y）、日期型（D）、日期时间型（T）、逻辑型（L）、备注型（M）、通用型（G）、浮点型（F）、双精度型（B）、整型（I）、二进制字符型（C）、二进制备注型（M）。

（2）常量、变量与函数。

常量包括字符型常量、数值型常量、货币型常量、日期型常量、日期时间型常量、逻辑型常量。

变量包括字段变量、内存变量、简单变量、数组变量，以及内存变量的基本操作。

函数及函数的一般格式。

3）运算符与表达式

（1）算术运算符和数值表达式的功能、特点。

（2）字符串运算符和字符串表达式的功能、特点。

（3）日期时间运算符和日期时间表达式的功能、特点。

（4）关系运算符和关系表达式的功能、特点。

（5）逻辑运算符和逻辑表达式的功能、特点。

4）常用函数

数值运算函数、字符串操作函数、日期时间函数、数据类型转换函数、测试函数。

5）常用 Visual FoxPro 系统设置命令

状态开关设置命令、环境参数设置命令。

1.2　习题

一、单项选择题

1. 在 Visual FoxPro 系统中，字段是一种（　　　）。

    A. 常量   B. 变量   C. 函数   D. 运算符

2. 在 Visual FoxPro 系统中，下述字符串表示方法正确的是（　　　）。

    A. "计算机"水平"   B. （计算机"水平"）

    C. "计算机［水平］"   D. ［计算机［水平］］

3. 执行下列指令序列：

```
Store 10 To X
Store 20 To Y
? (X=Y)Or(X<Y)
```

在主窗口显示的结果是（　　　）。

　　　A. .T.　　　　　　　B. .F.　　　　　　　C. 0　　　　　　　　D. 1

4. 在 Visual FoxPro 系统中,下列数据中属于常量的是(　　)。
　　A. 01/01/05　　　B. T　　　　　　C. .Y.　　　　　D. TOP

5. 下列选项中属于 Visual FoxPro 系统合法变量名的是(　　)。
　　A. [AB]　　　　　B. 2AB　　　　C. 学号_1　　　D. AB C

6. 在 Visual FoxPro 系统中,8E-5 是一个(　　)。
　　A. 内存变量　　　B. 表达式　　　C. 字符型变量　　D. 数值型常量

7. 命令 Set Exact On 的作用是(　　)。
　　A. 保证算术运算的精确度　　　　　B. 要求完整书写命令
　　C. 字符串比较时要求精度一致　　　D. 指定小数位数

8. 下面关于 Visual FoxPro 数组的叙述中,错误的是(　　)。
　　A. 用 Dimension 和 declare 都可以定义数组
　　B. Visual FoxPro 系统只支持一维数组和二维数组
　　C. 刚刚定义的数组的各个元素的初值均为.F.
　　D. 一个数组中各个数组元素必须是同一种数据类型

9. 使用命令 Dimension X(4,3)定义的数组,包含的数组元素(下标变量)的个数为(　　)。
　　A. 4 个　　　　　B. 3 个　　　　C. 7 个　　　　　D. 12 个

10. 在 Visual FoxPro 系统的表达式中,若有算术运算、关系运算和逻辑运算时,其运算的优先顺序是(　　)。
　　A. 算术、关系、逻辑　　　　　　　B. 关系、算术、逻辑
　　C. 逻辑、关系、算术　　　　　　　D. 关系、逻辑、算术

11. 在 Visual FoxPro 系统的表达式中,运算结果一定是逻辑值的是(　　)。
　　A. 字符表达式　　　　　　　　　　B. 数值表达式
　　C. 关系表达式　　　　　　　　　　D. 日期表达式

12. 下列表达式的结果为"中国北京"的是(　　)。
　　A. "中国␣␣"－"北京"　　　　　　B. "中国"－"␣␣北京"
　　C. "␣␣中国"＋"北京"　　　　　　D. "中国"＋"北京"

13. 在下面的表达式中,不正确的是(　　)。
　　A. {^2007-05-01 10:10:10 am}－10　　B. {^2007-05-01}－Data()
　　C. {^2007-05-01 10:10:10 am}＋10　　D. {^2007-05-01}＋Data()

14. 设 A＝[6＊8＋2],B＝6＊8＋2,C＝"6＊8＋2"。下面表达式正确的是(　　)。
　　A. A＋B　　　　B. B＋C　　　　C. C＋A　　　　D. C－B

15. 设 X 为数值型内存变量,Y 为字符型内存变量,符合 Visual FoxPro 系统语法要求的表达式是(　　)。
　　A. Not .T.　　　B. Y＊5　　　　C. X.25　　　　D. 2X>15

16. 将逻辑真值赋给内存变量 X 的正确方法是(　　)。
　　A. X＝".T."　　　　　　　　　　　B. Store "T" To X

C．X＝True　　　　　　　　　　　　　D．Store．T．To X

17．在执行了 Set Exact Off 命令之后，下列 4 组字符串比较运算中，两个结果均为真的一组是（　　）。

A．"高军"＝"高军是一位女生"和"高军" $ "高军是一位女生"

B．"高军是一位女生"＝"高军"和"高军是一位女生" $ "高军"

C．"高军是一位女生"＝"高军"和"高军是一位女生"＝＝"高军"

D．"高军"＝＝"高军"和"高军是一位女生"＝"高军"

18．表达式 Year(Date())＋100＝2000 Or ［Abc］＋［Def］＜［Abcdef］ And Not .F. 的值为（　　）。

A．200　　　　　　B．0　　　　　　C．.T.　　　　　　D．.F.

19．设 Y＝2，执行命令 ?Y＝Y＋1 后，其结果是（　　）。

A．3　　　　　　　B．2　　　　　　C．.T.　　　　　　D．.F.

20．设 X＝2，Y＝5，执行下列命令后，能得到数值型结果的是（　　）。

A．X＋3＝Y　　　B．X＝Y　　　C．?X＝Y－3　　　D．?Y－3＝X

21．下列表达式中运算结果为逻辑真(.T.)的是（　　）。

A．(35＞30)␣And␣('a'＞'A')

B．('123'＞'456')␣And␣(123＞456)

C．(3^2＜3＊2)␣Or␣('AW' $ 'KAWK')

D．(.T. Or .F.)␣And␣(Not(2＞1))

22．在下列表达式中，运算结果为逻辑假(.F.)的是（　　）。

A．"112"＞"85"　　　　　　　　　　B．［abc］＜＝［abc］

C．{^2007-01-01}＜{^2008-01-01}　　D．"男" $ 性别

23．表达式"abcd" $ "ad"␣And␣(1.5＋2)^3＞66 的运算结果为（　　）。

A．abcd66　　　　B．.T.　　　　　　C．.F.　　　　　　D．出错信息

24．下列表达式中，运算结果为数值型数据的是（　　）。

A．［8888］－［6666］　　　　　　　B．Len(Space(5))－1

C．800＋200＝1000　　　　　　　　D．Date()＋30

25．在下列函数中，函数值为数值型的是（　　）。

A．At('68','668899')

B．Substr("668899",Len("668899")/2)

C．Str(Year(Date()),4)

D．Substr(Dtoc(Date()),1,4)

26．以下 4 组函数运算中，结果相同的一组是（　　）。

A．Left("Visual Foxpro",6)与 Substr("Visual Foxpro",6)

B．Year(Date())与 Vartype(35－2＊4)

C．Vartype("35－2＊4")与 Vartype(35－2＊4)

D．Int(－123.456)与 Round(－123.456,0)

27. 函数 Int(−28/6)及函数 Round(−28/6,0)的值分别为(　　　)。

　　A. −6　−5　　　B. −5　−4　　　C. −4　−5　　　D. −3　−4.7

28. 假定系统日期为 2008 年 8 月 8 日,执行下面命令后,N 的值是(　　　)。

　　N=Mod(Year(Date())−1900,100)

　　A. 108　　　　　B. 8　　　　　C. 2008　　　　　D. 1900

29. 函数 Len(Space(5)-Space(3))的值是(　　　)。

　　A. 0　　　　　B. 2　　　　　C. 3　　　　　D. 8

30. 函数 At("教授","副教授")值是(　　　)。

　　A. 2　　　　　B. 3　　　　　C. 4　　　　　D. .T.

31. 函数 Type(" ")的值是(　　　)。

　　A. U　　　　　B. C　　　　　C. 空格　　　　　D. 出错信息

32. 设 D='10/01/05',命令? Type("D")的输出结果是(　　　)。

　　A. 10/01/05　　　B. C　　　　　C. N　　　　　D. D

33. 设 S=25,函数 Type("S<30")的值为(　　　)。

　　A. .T.　　　　　B. N　　　　　C. U　　　　　D. L

34. 表达式 Val(Substr("邮政编码 250014",9,2)) * Len("山东济南")的结果是(　　　)。

　　A. 50.00　　　　B. 28.00　　　　C. 200.00　　　　D. 56.14

35. 执行下列命令后,屏幕显示的结果为(　　　)。

```
Store "23.45" To A
?Str(&A,2)+"45&A"
```

　　A. 6823.45　　　B. 2345&a　　　C. 234523.45　　　D. 4546.45

36. 执行下列命令序列:

```
a=2000
b="2000"
m="A"
? &m+ &b
```

　　在主窗口中显示的结果是(　　　)。

　　A. A2000　　　　B. 语法错误　　　C. 20002000　　　D. 4000

37. 当记录指针指向表的末记录时,文件结束函数 Eof()的返回值是(　　　)。

　　A. .T.　　　　　B. .F.　　　　　C. 记录号　　　　　D. 出错信息

38. 如果打开了一个空的 Visual FoxPro 表文件,即该文件中只有表结构,没有记录,用函数 Recno()进行测试,其结果是(　　　)。

　　A. 0　　　　　B. 1　　　　　C. .Null.　　　　　D. .F.

39. 如果打开了一个空的 Visual FoxPro 表文件,即该文件中只有表结构,没有记录,用函数 Bof()、 Eof()进行测试,其结果是(　　　)。

　　A. .T. .F.　　　B. .T. .T.　　　C. .F. .T.　　　D. .F. .F.

40. 当函数 Delete()的值为真(.T.)时,说明(　　　)。
    A. 记录已从表中清除　　　　　　　B. 当前记录已被做上删除标记
    C. 表文件已被删除　　　　　　　　D. 有删除标记的记录不参加操作

41. 在 Visual FoxPro 系统中,(　　　)是合法的字符串。
    A. ""计算机等级考试""　　　　　　B. [[计算机等级考试]]
    C. ['计算机等级考试']　　　　　　D. {'计算机等级考试'}

42. 在 Visual FoxPro 系统中,数据 5.6E-4 是一个(　　　)。
    A. 数值常量　　　　　　　　　　　B. 合法的表达式
    C. 字符常量　　　　　　　　　　　D. 非法的表达式

43. 用于存储内存变量的文件扩展名为(　　　)。
    A. .Prg　　　　　　B. .Fpt　　　　　　C. .Cdx　　　　　　D. .Mem

44. 下列数据中合法的 Visual FoxPro 常量是(　　　)。
    A. 10/10/2003　　　B. .y.　　　　　　C. True　　　　　　D. 75%

45. 设已经定义了一个一维数组 $A(6)$,并且 $A(1)$ 到 $A(4)$ 这 4 个数组元素的值依次是 1,3,5,2,然后又定义了一个二维数组 $A(2,3)$,执行命令? $A(2,2)$ 后,显示的结果是(　　　)。
    A. 变量未定义　　　B. 4　　　　　　C. 2　　　　　　　D. .F.

46. 在 Visual FoxPro 中,数组元素定义后,其元素初值为(　　　)。
    A. 0　　　　　　　　B. .T.　　　　　　C. .F.　　　　　　D. 无

47. 下列有关数组的说法中,不正确的是(　　　)。
    A. 在 Visual FoxPro 中,只有一维数组和二维数组
    B. 数组在使用 Dimension 命令定义之后,就已经有了初值
    C. 数组中各个元素的数据类型必须一致
    D. 二维数组也可以像一维数组一样使用

48. 执行以下命令序列后,显示的结果是(　　　)。

```
Dimension Q(2,3)
Q(1,1)=1
Q(1,2)=2
Q(1,3)=3
Q(2,1)=4
Q(2,2)=5
Q(2,3)=6
?Q(2)
```

    A. 变量未定义　　　B. 4　　　　　　C. 2　　　　　　　D. .F.

49. 若内存变量名与当前打开的表中的一个字段名均为 S_name,则执行? S_name 命令后显示的是(　　　)。
    A. 内存变量的值　B. 随机　　　C. 字段变量的值　D. 错误信息

50. 在 Visual FoxPro 程序中使用的内存变量分两类,它们是(　　　)。

A. 全局变量和局部变量　　　　　　B. 简单变量和数组变量

C. 字符变量和数组变量　　　　　　D. 一般变量和下标变量

51. 下列的(　　)是字段变量特有而内存变量所没有的数据类型。

A. 逻辑型　　　　B. 浮点型　　　　C. 字符型　　　　D. 日期型

52. 在 Visual FoxPro 中,可以使用的变量有(　　)。

A. 内存变量、字段变量和系统内存变量

B. 内存变量和自动变量

C. 字段变量和简单变量

D. 全局变量和局部变量

53. 使用 Save To abc 可以把内存变量存储到磁盘上,该文件的文件名是(　　)。

A. Abc. Fpt　　　　B. Abc. Txt　　　　C. Abc. Mem　　　　D. Abc. Dbt

54. 要把变量名中第三个字符是"M"的全部内存变量存入内存变量文件 st. mem 中,
应使用命令(　　)。

A. Save All Like ?? M? To St　　　　B. Save All Like **M * To St

C. Save All Except ?? M * To St　　　D. Save All Like ?? M * To St

55. 以下命令中可以显示"大学"的是(　　)。

A. ? Substr("山东大学信息学院",5,4)

B. ? Substr("山东大学信息学院",5,2)

C. ? Substr("山东大学信息学院",3,2)

D. ? Substr("山东大学信息学院",3,4)

56. 若 X=56.789,则命令? Str(X,2)-Subs('56.789',5,1)的显示结果是(　　)。

A. 568　　　　B. 578　　　　C. 48　　　　D. 49

57. 若 Date='99/11/20',表达式 &Date 的结果的数据类型是(　　)。

A. 日期型　　　　B. 数值型　　　　C. 字符型　　　　D. 不确定

58. 函数 Day('08/09/98')的返回值是(　　)。

A. 计算机日期　　　B. 出错日期　　　C. 8　　　　D. 9

59. 以下命令中正确的是(　　)。

A. Store 10 To X,Y　　　　B. Store 10,10 To X,Y

C. X=10,Y=10　　　　D. X=Y='10'

60. 顺序执行以下赋值命令之后,下列表达式中错误的是(　　)。

A="842"

B=5 * 8

C="ABC"

A. Str(B)+C　　　B. Val(A)+B　　　C. &A+B　　　D. &B+C

61. 执行以下命令后显示的结果是(　　)。

N='356.54'

? '87'+ &N

A. 443.54   B. 87+&N   C. 87356.54   D. 错误信息

62. 以下各表达式中,运算结果为数值型的是(   )。

A. Date()-30   B. Year=2003

C. Recno()>12   D. At('IBM','Computer')

63. 以下各表达式中,运算结果为字符型的是(   )。

A. Subs('123.45',5)   B. 'IBM' $ 'Computer'

C. ? Round(Pi(),3)   D. Year='1999'

64. 以下各表达式中,运算结果为日期型的是(   )。

A. 04/05/98-2   B. Ctod('04/05/98')-Date9()

C. Ctod('04/05/98')-3   D. Date()-"04/05/98"

65. 设当前表有 16 条记录,当 Eof()为真时,命令?Recno()的显示结果是(   )。

A. 0   B. 17   C. 16   D. 空

66. 打开一个空表,分别用函数 Eof()和 Bof()测试,其结果一定是(   )。

A. .T.和.F.   B. .F.和.F.   C. .T.和.T.   D. .F.和.T.

67. 执行如下命令序列后,显示的结果是(   )。

```
Store 100 To YA
Store 200 To YB
Store 300 To YAB
Store "A" To N
Store "Y&N" To M
? &M
```

A. 100   B. 200   C. 300   D. Y&N

68. 要判断数值型变量 Y 是否能被 3 整除,错误的条件表达式为(   )。

A. Mod(Y,3)=0   B. Int(Y/3)=Y/3

C. Y%3=0   D. Int(Y%3)=Mod(Y/3)

69. 命令? Type("12/31/99")的输出结果为(   )。

A. C   B. D   C. N   D. U

70. 条件函数 Iif(Len(Space(3))>2,1,-1)的值是(   )。

A. 1   B. -1   C. 2   D. 错误

71. 假设 Cj=79,则函数 Iif(Cj>=60,Iif(Cj>=85,"优秀","良好"),"差")的返回
结果是(   )。

A. 85   B. 优秀   C. 良好   D. 差

72. 假设 A=321,B=635,C="A+B",则 ?Type("100+&C")的结果是(   )。

A. N   B. C   C. U   D. 错误信息

73. 执行下列命令后,输出的结果是(   )。

```
D=" * "
? "3&D.8="+Str(3&D.8,2)
```

A. 3&D.8＝24   B. 3&D.8＝0   C. 3＊.8＝38   D. 3＊8＝24

74. 函数 Len(Trim(Space(8))-Space(8))返回的值是(   )。

A. 0 　　　　　B. 16 　　　　　C. 8 　　　　　D. 出错

75. 执行下列序列后,输出的结果是(   )。

```
X="ABCD"
Y="EFG"
?Substr(X,Iif(X<>Y,Len(Y),Len(X)),Len(X)-Len(Y))
```

A. A 　　　　　B. B 　　　　　C. C 　　　　　D. D

76. 执行下列命令后,屏幕的显示结果是(   )。

```
AA="Visual FoxPro"
?Upper(Substr(AA,1,1))+Lower(Substr(AA,2))
```

A. visual FOXPRO 　　　　　　B. Visual foxpro

C. Visual FOXPRO 　　　　　　D. VISUAL foxpro

77. 执行下列语句序列后,最后一条命令显示的结果是(   )。

```
Y="33.77"
X=Val(Y)
?&Y=X
```

A. 33.77 　　　　B. .T. 　　　　C. .F. 　　　　D. 出错信息

78. 命令 Len(Str(86.2,5,1))的执行结果是(   )。

A. 2 　　　　　B. 6 　　　　　C. 8 　　　　　D. 5

79. 命令? Round(42.1998,2)的结果是(   )。

A. 42.0000 　　　B. 42.20 　　　C. 42.00 　　　D. 42.19

80. 若 N＝"123.45",则执行命令? 67＋&N 的结果是(   )。

A. 67123.45 　　B. 190.45 　　C. 67＋&N 　　D. 124.

81. 执行 X="Y"、Y="X"、?&X+&Y 这 3 条命令后,显示的结果是(   )。

A. XY 　　　　　B. YX 　　　　　C. X＋Y 　　　　D. 出错信息

82. 以下各个表达式中,运算结果为数值型的是(   )。

A. −50 　　　　　　　　　B. "D" $ "ADDK"

C. 90＞60 　　　　　　　　D. Time()＋9

83. 在 Visual FoxPro 中,Min(Round(6.89,1),9) 的值是(   )。

A. 6 　　　　　B. 6.9 　　　　C. 7 　　　　　D. 6.8

84. 下列表达式中,运算表达式为数值的是(   )。

A. [9876]-[678] 　　　　　　B. Len(Space(5))-1

C. Ctod('10/10/99') 　　　　　D. 880＋120＝1000

85. 函数 Len(Space(5)−Space(3))的值是(   )。

A. 2 　　　　　B. 3 　　　　　C. 5 　　　　　D. 8

86. 执行下列命令序列后,变量 NDATE 的显示值是(   )。

```
Store Ctod("05/07/99") To  MDATE
NDATE=MDATE+2
?NDATE
```

  A. 05/09/99　 B. 07/07/99　 C. 05/07/99　 D. 07/09/98

87. 假定已经执行了命令 M＝[45＋3]，再执行命令?M,屏幕将显示（ ）。

  A. 48.00　 B. 45＋3　 C. [45＋3]　 D. 48

88. 函数 Len('123'－'123')的值是（ ）。

  A. 0　 B. 6　 C. 3　 D. 7

89. 当 Eof()函数为.T.时,记录指针指向当前表文件的（ ）。

  A. 第一条记录　 B. 某一条记录

  C. 最后一条记录　 D. 最后一条记录的下面

90. 设系统日期是 2007 年 10 月 1 日,则表达式 Dtoc(Date())＋28 的值是（ ）。

  A. 2007/10/29　 B. 2007/10/28

  C. 2035/10/01　 D. 出错信息

91. 数学表达式 $4 \leqslant X \leqslant 7$ 在 Visual FoxPro 中应表示为（ ）。

  A. X>＝4.Or.X<＝7　 B. X>＝4.And.X<＝7

  C. X<＝7.And.4<＝X　 D. 4<＝X.Or.X<＝7

92. 下列式子中,合法的 Visual FoxPro 表达式是（ ）。

  A. Ctod("021598")＋Date()　 B. "abc"＋Space(5)＋Val("456")

  C. Asc("ABCD")＋"28"　 D. Chr(65)＋Str(1500.8935,6)

93. 下列式子中,（ ）肯定不是合法的 Visual FoxPro 表达式。

  A. [9876]－AB　 B. NAME＋"NAME"

  C. 11/16/99　 D. ZC＝"教授".Or. "副教授"

94. 下列表达式结果为.F.的是（ ）。

  A. '55'>'500'　 B. '女'<'男'

  C. Date()＋3>Date()　 D. 'CHINA'>'CANADA'

95. 与 Not.(N<＝50.And.N>＝15)等价的条件是（ ）。

  A. n>50.Or.n<15　 B. n<50.Or.n>15

  C. n<50.And.n>15　 D. n>50.And.n<15

96. 执行以下命令后显示的结果是（ ）。

```
Store 3+4<=9 To A
B='.T.'>'.F.'
?A .And. B
```

  A. .T.　 B. .F.　 C. A　 D. B

97. 假定字符串 A＝"123",B＝"234",则下列表达式中运算结果为逻辑假的是（ ）。

  A. .Not.(A>＝B)　 B. .Not. A $ "Abc" .And. A<>B

  C. .Not.(A<>B)　 D. ..Not.(A＝B).Or. B $ "13579"

98. 以下各表达式中,属于不合法的 Visual FoxPro 逻辑型表达式的是(　　　)。

 A. 25＜年龄＜25　　　　　　　　B. Found()

 C. .Not. .T.　　　　　　　　D. "ab" $ "abd"

99. 逻辑运算符从高到低的运算优先级是(　　　)。

 A. .And. —>. Or. —>. Not.　　　　B. .Or. —>. Not. —>. And.

 C. .Not. —>. And. —>. Or.　　　　D. .Not. —>. Or. —>. And.

100. 一个软件在安装前,不需要了解它的(　　　)。

 A. 硬件环境　　　B. 软件环境　　　C. 升级环境　　　D. 用户

101. 以下方法中,(　　　)不可以启动 Visual FoxPro 系统。

 A. 从程序菜单　　　　　　　　B. 从资源管理器

 C. 从 Word 系统　　　　　　　D. 从桌面

102. 若要退出 Visual FoxPro 系统回到 Windows 环境,可在文件菜单中选择(　　　)命令。

 A. 关闭　　　　B. 退出　　　　C. 导入　　　　D. 导出

103. 在 Visual FoxPro 系统中,启动向导的方法是(　　　)。

 A. 单击工具栏上的向导按钮

 B. 选择"工具"菜单中的"向导"选项,单击相应的类型

 C. 选择"文件"菜单中的"新建"选项,再选择文件类型,单击"向导"按钮

 D. 以上方法都可以

104. 以下(　　　)不是标准下拉式菜单的组成部分。

 A. 菜单项　　　B. 菜单条　　　C. 菜单标题　　　D. 快捷菜单

105. 在 Visual FoxPro 系统环境下,隐藏窗口可选择"窗口"菜单中的(　　　)选项。

 A. 循环　　　　B. 清除　　　　C. 隐藏　　　　D. 命令窗口

106. 以下给出的 4 种方法中,不能重新显示命令窗口的是(　　　)。

 A. 按组合键 Ctrl＋F2

 B. 单击工具栏中的"命令窗口"按钮

 C. 打开"窗口"菜单,选择"命令窗口"选项

 D. 打开"文件"菜单,选择"打开"选项

107. 以下有关 Visual FoxPro 系统工作方式的叙述,正确的是(　　　)。

 A. 只有一种工作方式,即命令工作方式

 B. 有两种工作方式,即键盘和鼠标方式

 C. 有两种工作方式,即命令和程序方式

 D. 有 3 种工作方式,即命令、程序和菜单方式

108. 不是 Visual FoxPro 系统可视化编程工具的是(　　　)。

 A. 向导　　　　B. 生成器　　　C. 设计器　　　D. 程序编辑器

109. Visual FoxPro 系统的"文件"菜单中的"关闭"选项是用来关闭(　　　)。

 A. 所有窗口　　　　　　　　B. 当前工作区中已打开的数据库

 C. 所有已打开的数据库　　　　D. 当前活动窗口

110. 在 Visual FoxPro 中,一条命令的最大长度是( )个字节。

    A. 128   B. 254   C. 8192   D. 任意

111. 在桌面上已创建了 Visual FoxPro 6.0 的快捷图标,则下列不能启动 Visual FoxPro 系统的操作是( )。

    A. 在"开始菜单"的"程序"项中单击 Microsoft Visual FoxPro 6.0 命令

    B. 双击 Visual FoxPro 安装目录中的系统程序 Vfp6.exe

    C. 在"开始菜单"的"运行"项中输入 Do Vfp6.exe

    D. 双击桌面上的 Visual FoxPro 6.0 快捷图标

二、填空题

1. 内存变量文件的扩展名为_____,若将保存在 MM 内存变量文件中的内存变量读入内存,实现该功能的命令是_____。

2. 执行 Dimension A(2,3)命令后,数组 A 中各数组元素的类型是_____,值是_____。

3. Visual FoxPro 的当前状态已设置为 Set Exact Off,则命令"?"你好吗?"=〔你好〕"的显示结果是_____。

4. 在 Visual FoxPro 中,要将系统默认磁盘设置为 A 盘,可执行命令_____。

5. 设 XYZ="170",函数 Mod(Val(XYZ),-28)的值是_____;表达式 170%28 的值是_____。

6. 为使日期型数据能够显示世纪(即年为 4 位),应该使用命令_____。

7. 顺序执行以下命令序列:

```
Store 123.458 To A
Store Str(A+A,5) To B
Store Asc(B) To C
Store Str(-A-A,7,2) To D
?Len(B),A,B,C,D
```

内存变量 A、B、C、D 的数据类型分别是_____、_____、_____、_____;最后一条命令的输出结果是_____、_____、_____、_____、_____。

8. 对以下命令填空,使最后的输出结果为"庆祝中国举办 2008 年奥运会成功"。

```
S1="2008 年奥运会庆祝中国成功举办!"
S2=_____(s1,13,8)+_____(s1,4)+_____(s1,12)+Subs(s1,21,4)+_____
?s2
```

9. 顺序执行以下命令后,屏幕显示的结果是_____。

```
Store "20.45" To X
?Str(&X,2)+"85&X"
```

10. 顺序执行以下命令后,屏幕显示的结果是_____。

```
m="ABC"
```

```
? m=m+ "DEF"
```

11. 当字符型常量的定界符内不包含任何字符时,称为空字符串。空字符串的长度为_____。

12. 内存变量与字段变量同名时,需在内存变量名的前面加上_____标志,以说明该变量是内存变量。

13. ? Str(145.25,5,1)命令执行的结果是_____。

14. ? Round(6.789,2)命令执行的结果是_____。

15. 设 Y="2007",M="10",D="1",利用这 3 个内存变量组成一个表达式并得到日期型结果(表示 2007 年 10 月 1 日),并将结果赋给变量 T,完整的命令为_____。

16. 执行下列命令,结果为_____。

```
X="个人计算机"
?Left(X,4)+Stuff(X,1,4,"电子")
```

17. 执行下列命令,打开的表文件是_____。

```
N='3'
S='XY'+N
Use &S
```

18. 设 A=123,B=456,K="A+B",表达式 100+&K 的值是_____。

19. 执行下列命令后,变量 X、Y、Z 的值分别为_____、_____、_____。

```
X=10
X1="Z=X^2"
&X1
X="1"
Y=X&X
X=Z+ &X
```

20. Visual FoxPro 的用户界面主要由 _____、_____、_____、_____、_____ 和 _____ 六部分组成。

21. Visual FoxPro 的交互式操作方式为_____ 和 _____。

22. Visual FoxPro 提供了大量的辅助设计工具,分为 _____、_____ 和_____三类。

23. 隐藏命令窗口的方法有:选择"窗口"菜单中的_____命令项;或者单击命令窗口的_____按钮;或者单击工具栏上的_____按钮;还可以选择"文件"菜单中的_____命令项。

24. 修改默认文件目录的设置,在"选项"对话框中,应选择_____选项卡。

25. 一个数据表中允许的最多记录个数为_____个;允许的字段数最多为_____个;允许同时打开的数据表个数最多为_____个。

26. 数据库表字段名的最大长度为_____个字节;自由数据表字段名的最大长度为_____个字节;字符型字段的最大长度为_____个字节;数值型字段的最大长度

为_____位。

27. 程序文件的最大容量为_____B；命令行的最大长度为_____B。

三、判断题

判断下列说法是否正确。正确为"T"，错误为"F"。

1. 一个变量或者一个常量也是表达式。 （ ）
2. 在 Visual FoxPro 中，一个命令中的子句或可选项的顺序是固定不可变的。 （ ）
3. Visual FoxPro 数据库系统是一个关系数据库系统。 （ ）
4. 数组变量用 Public 或 Dimension 来定义。 （ ）
5. Visual FoxPro 中的项目管理器是所有应用程序的控制中心。 （ ）
6. 内存变量的数据类型一旦确定，就不能再改变。 （ ）
7. 已知 k＝3，执行赋值语句 p＝k＝k＋2 后，变量 p 的值为 5。 （ ）
8. Visual FoxPro 中的菜单项会随着用户的操作发生变化。 （ ）
9. 若字段变量和内存变量同名，则在使用时字段变量的优先级高于内存变量。 （ ）
10. 汉字按 ASCII 值大小进行比较。 （ ）
11. 在 Visual FoxPro 中，若定义的数组没有赋值，则它的每个元素的默认值为 0。

 （ ）

12. 构成表达式的每一项都必须是相同数据类型。 （ ）
13. Set Exact On 命令只对字符串运算起作用。 （ ）
14. 赋值语句 y＝＝1 将使变量 y 得到数值 1。 （ ）
15. 通用型数据的长度为 8。 （ ）
16. 关系数据库的基本操作有 3 种，即选择、投影、连接。 （ ）
17. 如果一个表达式中包含算术运算、逻辑运算和关系运算，但不含括号，则运算的优先顺序为逻辑运算、关系运算、算术运算。 （ ）
18. 若 d＝"10/20/90"，则表达式"&d"的结果为日期型。 （ ）
19. 函数的参数类型和函数类型必须一致。 （ ）
20. 数组元素赋值后，可以长期保存在数据库中。 （ ）
21. 两个指定的字符串分别进行"＋"和"－"运算，其结果均为字符串，但是两个字符串的长度不同。 （ ）
22. Iif 函数的第一个参数必须为逻辑值。 （ ）
23. 安全可靠地退出 Visual FoxPro 系统的正确方法是在命令窗口中执行 Exit 命令。 （ ）
24. Release All 能够删除所有内存变量，也包括内存变量文件中的内存变量。 （ ）

四、简答题

1. Visual FoxPro 6.0 支持的数据类型共有几种？
2. 什么是常量？什么是变量？Visual FoxPro 6.0 中有几类变量？它们各有什么特点？
3. 内存变量分为几种？如何区分它们？
4. 可用于常量和内存变量的数据类型有哪几种？各用什么字母表示？

5. 怎样命名内存变量？怎样创建内存变量？怎样长久保存已建立的内存变量？

6. 数组变量的最小下标等于几？数组变量的初值等于什么？

7. 在已打开一个数据表的情况下,怎样区分同名的字段变量和内存变量？

8. 内存变量的数据类型由谁决定？已建内存变量的数据类型是否可变？

9. 什么是表达式？Visual FoxPro 有哪几类运算符？可以构成哪几种基本表达式？

10. 表达式的值有哪几种数据类型？各由哪种表达式得到？

11. 一个包含了所有表达式的复杂表达式的值是什么数据类型？运算优先级是怎样的？

12. 在关系表达式中,各类数据进行比较的运算规则是什么？

13. 什么是函数？函数的格式是怎样的？

14. Visual FoxPro 提供了哪几类常用函数？使用函数应注意什么？

15. 指出下列常量和函数值的数据类型。

(1) 356.72　　　　　　　　　　　(2) [0531-2911100]

(3) {^2007/05/26}　　　　　　　　(4) '鲁 A-M3456'

(5) Ctod('2008/08/16')　　　　　　(6) 5.283E-11

(7) Dtoc(Date())　　　　　　　　 (8) {^2008/08/08 18:28:00}

(9) Datetime()　　　　　　　　　 (10) $5687.3966

(11) Val("-2635.952")　　　　　　　(12) Month(Date())

(13) Eof()　　　　　　　　　　　 (14) Isalpha("Ab-12Cd")

(15) .f.　　　　　　　　　　　　 (16) '"山东财政学院"+[计算机系]'

(17) AT("学院","财政学院")。

16. 设有内存变量 nl=25,xb="男",hun=.F.,zc="讲师",gz=1230.50,试判断下列逻辑表达式的值:

(1) nl>23.And. xb="女"

(2) hun=.F..And. zc="讲师".Or. xb<>'女'

(3) .Not. hun .And. nl<30.And. zc="讲师".And. gz<1500

(4) xb<>"男".Or. nl<28.Or. zc<>"讲师"

(5) nl*10+gz>1500.And.(xb="男".Or. xb="女").And..Not. hun

(6) gz>1500.Or. xb="男".And. zc="讲师".Or. xb="女".And. zc<>"讲师"

(7) 3^3-2*5+3>15.And."财政"$"山东"+"财政学院".Or."110"$"0531-2911010"

(8) "长江">"黄河".Or."黄山"<"泰山".Or."北京">"南京"

17. 写出下列表达式的值:

(1) 已知:R=Dtoc(Date(),1)

?"今天是:"+Left(R,4)+"年"+Subs(R,5,2)+"月"+Right(R,2)+"日"

(2) 已知:X="山东",Y="财政学院",Z="计算机系",W=X-Y-Z

?X+Y+Z,X+Y-Z

```
?X-Y-Z,X-Y+Z,At("财政",W)
```

（3）已知：X=1500，Y="250.50-100.50abcd"，T={^2008/10/22 16:30:25}

```
?Year(T)+Month(T)+Day(T)
?Year(T)+Month(T)+Day(T)+Hour(T)+Minute(T)+Sec(T)
?Year(T)+Month(T)+Day(T)-(Hour(T)*100+Minute(T)*10+Sec(T))
?X+Val(Y),X+Val(Y)-Year(T),X+Val(Y)-(Year(T)+Month(T)-Day(T))
```

18. Visual FoxPro 有哪些主要的性能指标？

19. Visual FoxPro 提供了几种工作方式？各有什么特点？分别列出 3 种启动、退出 Visual FoxPro 系统的方法。

20. 在菜单方式下怎样设置 Visual FoxPro 系统的运行环境？何谓临时设置？何谓永久设置？

21. Visual FoxPro 主要提供了哪些向导、设计器和生成器？它们的主要作用是什么？

第 2 章　数据库基础知识

本章介绍数据库技术的基础知识，包括与数据库系统有关的基本概念，数据库管理系统的主要功能，数据库设计的基本原则和过程步骤，特别是数据库关系模型的特点和关系运算。本章的主要内容是数据库系统设计的理论基础。

2.1　学习提要

1. 学习目标与要求

通过本章学习，读者应达到以下要求：

（1）了解数据与信息、数据处理和数据管理的基本概念；了解数据管理技术发展的 3 个阶段。

（2）理解数据库、数据库系统、数据库管理系统的基本概念；了解数据库系统的构成和主要特点，掌握数据库管理系统的主要功能。

（3）了解数据模型的基本概念和层次模型、网状模型；了解关系术语的含义和关系间的联系，理解关系模型及关系数据库，掌握关系的完整性和专门的关系运算。

（4）了解数据库设计的基本原则和设计的过程步骤。

2. 重点与难点

（1）本章重点：数据库管理系统，数据模型，关系型数据库。

（2）本章难点：关系模型，主关键字，关系运算。

3. 主要知识点

1）数据、信息和数据处理

（1）数据和信息间的联系与差别。

(2) 数据处理的含义和数据管理的 3 个阶段。

2) 数据库和数据库系统

(1) 数据库(DB)的定义和特点。

(2) 数据库管理系统(DBMS)的主要功能。

(3) 数据库系统(DBS)的主要组成及特点。

3) 关系型数据库

(1) 有关数据模型的术语;层次模型和网状模型的特点。

(2) 关系术语与关系数据库:关系、属性、元组、域、关键字、关系模式。

(3) 关系间的联系:一对一、一对多、多对多。

(4) 关系的完整性:实体完整性、参照完整性、域完整性。

(5) 关系的运算:选择运算、投影运算、连接运算。

4) 数据库设计

(1) 数据库设计的基本原则。

(2) 数据库设计的过程与步骤。

2.2　习题

一、单项选择题

1. 下列各项中,属于数据库系统最明显的特点是(　　　)。

　　A. 存储容量大　　　　B. 处理速度快　　　　C. 数据共享　　　　D. 处理方便

2. 数据库系统与文件系统的主要区别是(　　　)。

　　A. 数据库系统复杂,而文件系统简单

　　B. 文件系统管理的数据量小,而数据库系统可以管理庞大的数据量

　　C. 文件系统不能解决数据冗余和数据独立性的问题,而数据库系统可以解决

　　D. 文件系统只能管理程序文件,而数据库系统可以管理多种文件的类型

3. 数据库技术的主要特点不包括(　　　)。

　　A. 数据的结构化　　　　　　　　　　B. 数据冗余度小

　　C. 数据独立性高　　　　　　　　　　D. 程序标准化

4. 数据库(DB)、数据库系统(DBS)、数据库管理系统(DBMS)三者之间的关系是(　　　)。

　　A. DBS 包含了 DB 和 DBMS

　　B. DB 包含了 DBS 和 DBMS

　　C. DBMS 包含了 DB 和 DBS

　　D. DBS、DB、DBMS 三者指的是完全相同的东西

5. 数据库是在计算机中按照一定的数据模型组织、存储和应用的(　　　)。

　　A. 文件的集合　　　　　　　　　　　B. 数据的集合

　　C. 命令的集合　　　　　　　　　　　D. 程序的集合

6. 使用 Visual FoxPro 开发某单位的人事档案管理系统属于计算机的(　　　)。

　　A. 科学计算应用　　　　　　　　　　B. 数据处理应用

    C. 过程控制应用　　　　　　　　　　D. 计算机辅助教学应用

7. 在计算机中,简写 DBMS 指(　　)。

    A. 数据库　　　　　　　　　　　　　B. 数据库系统

    C. 数据库管理员　　　　　　　　　　D. 数据库管理系统

8. 在数据库系统中,DBMS 是一种(　　)

    A. 采用了数据库技术的计算机系统

    B. 位于用户与操作系统之间的一层数据管理软件

    C. 包含操作系统在内的数据管理软件系统

    D. 包含数据库管理人员、计算机软硬件以及数据库的系统

9. 在有关数据管理的概念中,数据模型是指(　　)。

    A. 文件的集合　　　　　　　　　　　B. 记录的集合

    C. 对象及其联系的集合　　　　　　　D. 关系数据库管理系统

10. 为了以最佳方式为多种应用服务,将数据集中起来以一定的组织方式存放在计算机的外部存储器中,就构成了(　　)

    A. 数据库　　　　　　　　　　　　　B. 数据操作系统

    C. 数据库系统　　　　　　　　　　　D. 数据库管理系统

11. 信息世界的主要对象称为(　　)。

    A. 关系　　　　　B. 实体　　　　　C. 属性　　　　　D. 记录

12. 在实体联系模型中,实体所具有的某一特性称为(　　)。

    A. 属性　　　　　B. 实体域　　　　C. 码　　　　　　D. 域

13. 每个学生只能属于一个班,每个班只有一个班长,则班级和班长之间的联系是(　　)。

    A. 1∶1　　　　　B. 1∶n　　　　　C. m∶n　　　　　D. 不确定

14. 下列实体之间的联系中,属于多对多的联系是(　　)。

    A. 学生与课程　　　　　　　　　　　B. 学校与教师

    C. 班级与班主任　　　　　　　　　　D. 商品条形码与商品

15. 一个公司有多个部门和多名员工,每个员工只能在一个部门就职,部门和员工的联系类型是(　　)。

    A. 1∶1　　　　　B. 1∶n　　　　　C. m∶n　　　　　D. 不确定

16. 在概念模型中,一个实体集对应于关系模型中的一个(　　)。

    A. 元组　　　　　B. 字段　　　　　C. 属性　　　　　D. 关系

17. 在关系模型中要将多对多联系分解成一对多的联系,需要建立(　　)来实现。

    A. 新的属性　　　B. 新的关键字　　C. 新的关系　　　D. 新的实体

18. 在关系中,下列说法正确的是(　　)。

    A. 元组的顺序很重要

    B. 属性名可以重名

    C. 任意两个元组不允许重复

D. 每个元组的一个属性可以由多个值组成

19. 在关系中,下列说法正确的是(　　　)。

    A. 列的顺序很重要

    B. 当指定候选关键字时列的顺序很重要

    C. 列的顺序无关紧要

    D. 主关键字必须位于关系的第一列

20. 在关系模型中,以下说法正确的是(　　　)。

    A. 一个关系中可以有多个主关键字

    B. 一个关系中可以有多个候选关键字

    C. 主关键字属性中可以取空值

    D. 有一些关系中没有候选关键字

21. 在关系模型中,以下不属于关系的特点的是(　　　)。

    A. 关系的属性不可再分

    B. 关系的每个属性都必须从不同的域取值

    C. 关系的每个属性名不允许重复

    D. 关系的元组不允许有重复

22. 关系模型中,如果一个关系中的一个属性或属性组能够唯一标识一个元组,那么称该属性或属性组是(　　　)。

    A. 外部关键字　　　　　　　　　　B. 主关键字

    C. 候选关键字　　　　　　　　　　D. 一对一联系

23. 某企业推销员档案关系中,包括编号、身份证号、姓名、生日、性别、手机号码、家庭地址等属性,那么不可以作为候选关键字的属性是(　　　)。

    A. 编号　　　　　B. 姓名　　　　　C. 手机号码　　　　　D. 身份证号

24. 以下不是数据库所依据的数据模型的是(　　　)。

    A. 实体联系模型　　B. 网状模型　　　C. 关系模型　　　　D. 层次模型

25. 按照 DBMS 采用的数据模型,Visual ForPro 属于(　　　)。

    A. 层次型数据库管理系统　　　　　B. 网状型数据库管理系统

    C. 关系型数据库管理系统　　　　　D. 混合型数据库管理系统

26. 构成数据模型有 3 个要素,以下不属于这 3 个要素的是(　　　)。

    A. 数据结构　　　　B. 数据分类　　　C. 数据操纵　　　　D. 数据约束

27. 在关系模型中,专门的关系运算指(　　　)。

    A. 插入、删除、修改　　　　　　　B. 编辑、浏览、替换

    C. 排序、索引、查询　　　　　　　D. 选择、投影、连接

28. 关系 R 和 S 的并运算是(　　　)。

    A. 由 R 和 S 的所有元组合并,并删除掉重复的元组组成的关系

    B. 由属于 R 而不属于 S 的所有元组组成的关系

    C. 由既属于 S 又属于 R 的所有元组组成的关系

    D. 由属于 R 和属于 S 的所有元组组成的关系

29. 在关系模型中,传统的集合运算包括( )。
    A. 增加、删除、修改   B. 并、交、差运算
    C. 连接、自然连接和笛卡儿积   D. 投影、选择和连接运算

30. 专门的关系运算不包括下面的( )运算。
    A. 连接运算   B. 投影运算   C. 选择运算   D. 并运算

31. 专门的关系运算中,投影运算是( )。
    A. 在指定关系中选择满足条件的元组组成一个新的关系
    B. 在指定关系中选择属性列组成一个新的关系
    C. 在指定关系中选择满足条件的元组和属性列组成一个新的关系
    D. 上述说法都不正确

32. 给定表:商品(编号、名称、型号、单价),销售(日期、编号、数量、金额)。现在要将两个表合并为:销售报表(编号、名称、单价、数量、金额),可以用( )。
    A. 先做笛卡儿积,再做投影   B. 先做笛卡儿积,再做选择
    C. 先做自然选择,再做选择   D. 先做自然连接,再做投影

33. 在关系数据库中,不属于数据库完整性规定的是( )。
    A. 实体完整性   B. 参照完整性
    C. 逻辑完整性   D. 用户定义的完整性

34. 在 Visual ForPro 中定义数据库表"学生档案",定义"学号"为主索引,则( )。
    A. 可实现实体完整性   B. 可实现参照完整性
    C. 可实现用户定义的完整性   D. 不能实现任何数据完整性

*35. 关系规范化理论要求,关系必须满足的要求是关系的每个属性都是( )。
    A. 互不依赖的   B. 长度不变的
    C. 互相关联的   D. 不可分解的

36. 在有关数据库的概念中,若干记录的集合称为( )。
    A. 文件   B. 字段   C. 数据项   D. 表

37. 一般来说,数据库管理系统主要适合于用做( )。
    A. 表格计算   B. 资料管理   C. 数据通信   D. 文字处理

38. 用户如果要退出 Visual FoxPro 系统,可以在命令窗口中输入命令( )。
    A. Clear   B. Quit   C. Exit   D. Cancal

39. Visual FoxPro 数据库管理系统的数据模型是( )。
    A. 结构型   B. 关系型   C. 网状型   D. 层次型

40. Visual FoxPro 是关系型数据库管理系统,所谓关系是指( )。
    A. 二维表中各条记录中的数据彼此有一定的关系
    B. 二维表中各个字段彼此有一定的关系
    C. 一个表与另一个表之间有一定的关系
    D. 数据模型满足一定条件的二维表格

41. 关系数据库管理系统存储与管理数据的基本形式是( )。
    A. 关系树   B. 二维表   C. 文本文件   D. 结点路径

42. 连接运算要求连接的两个关系有相同的(　　)。
    A. 主关键字　　　　B. 属性名　　　　　C. 实体名　　　　　D. 主属性名

43. 用二维表来表示实体与实体之间联系的数据模型称为(　　)。
    A. 网状模型　　　　　　　　　　　　B. 关系模型
    C. 层次模型　　　　　　　　　　　　D. 面向对象模型

44. 在教学管理中,一名学生可以选择多门课程,一门课程可以被多名学生选择,这说明学生记录型与课程记录型之间的联系是(　　)。
    A. 一对一　　　　　B. 一对多　　　　　C. 多对多　　　　　D. 未知

45. 一个关系相当于一张二维表,二维表中的各栏目相当于该关系的(　　)。
    A. 元组　　　　　　B. 结构　　　　　　C. 数据项　　　　　D. 属性

46. 若指定某关系中能够唯一标识一个元组的属性或者属性组合为关键字,则称这个属性或者属性组合为该关系的(　　)。
    A. 内部关键字　　　B. 主关键字　　　　C. 外部关键字　　　D. 关系

47. 若一个关系中的属性或者属性组合是另一个关系的主关键字,则称该属性或者属性组合为该关系的(　　)。
    A. 主关键字　　　　B. 外部关键字　　　C. 候选关键字　　　D. 关系

48. 在关系运算中,查找满足一定条件的元组的运算称为(　　)。
    A. 投影　　　　　　B. 选择　　　　　　C. 关联　　　　　　D. 复制

49. 一个关系型数据库管理系统所应具备的 3 种基本关系运算是(　　)。
    A. 选择、投影与连接　　　　　　　　B. 排序、索引与查询
    C. 插入、删除与修改　　　　　　　　D. 编辑、浏览与替换

50. 如果要改变一个关系中的属性排列顺序,应使用的关系运算是(　　)。
    A. 连接　　　　　　B. 选取　　　　　　C. 投影　　　　　　D. 重建

51. 在 Visual FoxPro 关系型数据库管理系统中,一个关系对应一个(　　)。
    A. 记录　　　　　　B. 字段　　　　　　C. 表文件　　　　　D. 数据库文件

52. 职工表中有编号、姓名、年龄、职务、籍贯等字段,可以作主关键字的字段是(　　)。
    A. 编号　　　　　　B. 姓名　　　　　　C. 年龄　　　　　　D. 职务

53. 关系中的"主关键字"不允许取空值指的是(　　)约束规则。
    A. 实体完整性　　　　　　　　　　　B. 数据完整性
    C. 引用完整性　　　　　　　　　　　D. 用户定义的完整性

二、填空题

1. 计算机数据管理技术经历了_____、_____和_____等阶段。

2. 数据模型中,实体和实体间的联系方式分为_____、_____和_____。

3. 关系中的一行称为一个_____,一列称为一个_____。

4. 关系中能够唯一、最小地表示一个元组的属性或属性组合称为_____。

5. 一个关系中的某个属性是另一个关系的主关键字,并且这个属性作为两个关系联系的纽带,则在此关系中,该属性称为_____。

6. 构成数据模型的 3 个要素指的是_____、_____、_____。

7. 构成各种数据库所依据的数据模型主要有_____、_____和_____。

8. 在专门的关系运算中,主要包括_____、_____和_____ 3 种运算。

9. 关系数据库中的数据完整性规则包括_____、_____和_____。

10. 给关系定义主关键字所实现的数据完整性是_____。

11. 数据是_____,是_____的某种物理符号。信息_____来表达,是对_____的解释。

12. Visual FoxPro 是一种_____系统。它在支持标准的面向过程的程序设计方式的同时还支持_____的程序设计方式。

13. 数据模型不仅表示反映事物本身的数据,而且还表示_____。

14. DBMS 提供了数据操纵语言(DML)实现对数据库的操作,DML 的基本操作包括_____、_____、_____、_____。

15. 在 Visual FoxPro 中一个记录是由若干个_____组成,而若干个记录构成了一个_____。

16. 用二维表的形式来表示实体之间联系的数据模型称为_____。

17. 二维表中的每一列称为一个字段,或称为关系的一个_____;二维表中的每一行称为一个记录,或称为关系的一个_____。

18. 为改变关系的属性排列顺序,应使用关系运算中的_____运算。

19. 在一个关系中有这样一个或几个字段,它(们)的值可以唯一地标识一条记录,这样的字段被称为_____。

20. 在关系数据库的基本操作中,从关系中抽取满足条件元组的操作称为_____;从关系中抽取指定列的操作称为_____;将两个关系中相同属性值的元组连接到一起形成新关系的操作称为_____。

21. 对某个关系进行选择、投影或连接运算后,运算的结果是一个_____。

三、简答题

1. 什么是"数据"、"信息"和"数据处理"?

2. 计算机数据管理技术经历了几个发展阶段? 各有哪些特点?

3. 什么是"数据库"、"数据库系统"、"数据库管理系统"? 它们各自有什么特点和功能? 三者之间是什么关系?

4. "实体"、"属性"、"实体集"、"型"、"值"等的含义是什么? 实体之间有哪几种联系?

5. 什么是"数据模型"? 主要的"数据模型"有哪几种? 各有什么特点?

6. "关系"、"属性"、"元组"、"域"、"候选关键字"、"主关键字"、"外部关键字"、"关系模式"等术语的含义各是什么? 它们之间有什么联系?

7. 在 Visual FoxPro 中"关系"、"属性"、"元组"、"候选关键字"、"主关键字"称为什么?

8. 关系有哪些基本性质?

9. 什么是关系的完整性? 有几种?

10. 传统的集合运算有几种? 专门的关系运算有几种? 何谓等值连接? 何谓自然

连接？

11. 数据库结构设计应遵循哪些基本设计原则？有哪些基本步骤？

四、综合设计题

1. 某校图书馆的图书信息管理系统，主要管理图书馆的图书信息、读者信息和借阅信息。图书信息包括书号、书名、第一作者、出版社、出版日期、价格、馆藏数；读者信息包括借书证号、姓名、性别、出生日期、专业、班级、联系电话、身份证号。其中，一种图书可被多名读者借阅；一名读者可以同时借阅多本图书，借阅时需登记借书日期、归还日期。根据题意设计该系统的关系模型。

2. 某学校设计学生教学信息管理系统。学生实体包括学号、姓名、性别、出生日期、民族、籍贯、简历、照片；每名学生选择一个主修专业，专业包括专业编号和名称；一个专业属于一个学院，一个学院可以有若干个专业。学院信息要存储学院号、学院名称、院长姓名。教学管理还要管理课程表和学生成绩。课程表包括课程号、课程名称、学分，每门课程由一个学院开设。学生选修的每门课程获得一个成绩。根据题意设计该教学管理的关系模型。

3. 某银行储蓄信息管理系统，管理储户信息和储户存取业务。储户信息包括账号、户名、性别、身份证号、住址、联系电话、储种类别、密码；储种类别要存储储蓄的类别和各类别的年利率。储户存取业务包括日期、存或取、金额，并登记营业员号码。营业员管理包括营业员代码、姓名、性别、生日、职务等。为安全起见，储户的密码要单独保存。根据题意设计该系统的关系模型。

4. 足球联赛采用主客场制。球队实体包括球队编号、名称、地址、电话、法人代表、主教练姓名等。球队之间进行比赛，包括日期、球场、主裁判姓名、比分。根据题意设计该系统的关系模型。

第3章　数据库与数据表的基本操作

本章介绍 Visual FoxPro 中数据库和数据表的基本操作，包括建立和管理数据库，建立和管理数据表，索引的建立和使用，自由表的操作以及多工作区的使用等方面的内容。本章集中了 Visual FoxPro 的大部分命令，是编写数据库应用程序的基础。

3.1　学习提要

1. 学习目标与要求

通过本章学习，读者应达到以下要求：

(1) 掌握数据库的概念；掌握数据库的建立方法和基本操作。

(2) 了解数据表结构的基本设计原则；熟练掌握数据库表的建立和修改。

(3) 熟练掌握数据库表记录的基本操作，包括菜单方式和命令方式。

(4) 熟练掌握索引的概念和作用，索引的建立和使用方法。

（5）掌握数据库表与自由表的区别与转换。

（6）掌握多数据表的操作。

2. 重点与难点

（1）本章重点：数据库的建立和基本操作；数据表结构的设计；数据库表的建立和修改；数据库表记录的基本操作；索引的建立和使用；自由表和多数据表的操作。

（2）本章难点：数据库表的设计与基本操作；索引的建立和使用；关联的建立和使用；参照完整性的设置和使用。

3. 主要知识点

1）数据库的基本操作

（1）数据库的基本概念和建立方法。生成的文件有数据库文件. dbc 和数据库备注文件. dct。

（2）打开、关闭、修改、设置和删除数据库。

2）数据库表的基本操作

（1）数据表结构的设计。

（2）数据库表的建立与修改：使用"表设计器"和使用命令创建数据库表；显示、修改数据库表结构；设置数据库表的属性。生成的文件有数据表文件. dbf 和数据表备注文件. fpt。

3）数据库表记录的基本操作

（1）打开与关闭数据库表。

（2）使用"浏览"窗口：拆分、切换、链接等。

（3）数据库表记录的基本操作：用菜单和命令方式对数据表记录进行添加、显示、修改、删除与恢复、指针定位、统计等操作。

4）索引的建立与使用

（1）索引的基本概念：单索引文件和复合索引文件；主索引、候选索引、普通索引和唯一索引。生成的文件有单索引文件. idx 和复合索引文件. cdx。

（2）索引的建立与使用：在"表设计器"中建立、删除索引；使用命令建立、删除索引文件或索引标识；打开与关闭索引；设置主控索引；索引定位、查询等。

5）自由表的操作

（1）自由表的特点，它与数据库表的区别。

（2）自由表与数据库表的相互转换。

6）多数据表操作

（1）多工作区的概念，不同工作区数据的互访。

（2）关联的建立和使用：关联的概念和类型；在"数据工作期"中或者使用命令建立关联；利用关联实现数据表记录之间的联动。

（3）永久关系的建立：永久关系的概念；在"数据库设计器"中建立永久关系。

（4）参照完整性的设置、编辑和使用。

3.2　习题

一、单项选择题

1. "项目管理器"的"文档"选项卡用于(　　)显示和管理。
   A. 表单、报表和查询
   B. 数据库、表单和报表
   C. 视图、报表和查询
   D. 表单、报表和标签

2. Visual FoxPro 中,"数据库"和"表"的关系是(　　)。
   A. 两者是同一概念
   B. 两者概念不同,"表"是一个或多个"数据库"的容器
   C. 两者概念不同,"数据库"是一个或多个"表"的容器
   D. 两者概念不同,但两者是等价的

3. 在 Visual FoxPro 中,创建一个名为 sdb.dbc 的数据库文件,使用的命令是(　　)。
   A. Create
   B. Create sdb
   C. Create Table sdb
   D. Create Database sdb

4. 下面(　　)不能关闭数据库。
   A. 在项目管理器中选择某个数据库,再单击"关闭"按钮
   B. 关闭数据库设计器
   C. 执行 Close Database 命令
   D. 执行 Close All 命令

5. Visual FoxPro 的数据库文件是(　　)。
   A. 存放用户数据的文件
   B. 管理数据库对象的文件
   C. 存放用户数据的文件和管理数据库对象的文件
   D. 前 3 种说法都对

6. 当打开一个数据库时,数据库表的状态是(　　)。
   A. 全未打开
   B. 全部打开
   C. 多个打开
   D. 一个打开

7. 下面有关字段名的叙述中,错误的是(　　)。
   A. 字段名必须以字母或汉字开头
   B. 自由表的字段名最大长度是 10
   C. 字段名中可以有空格
   D. 数据库表中可以使用长字段名,最大长度为 128 个字符

8. 下列名词中,可作为 VFP 自由表中的字段名的是(　　)。
   A. 计算机成绩
   B. 成　绩
   C. 2005 年成绩
   D. 等级考试成绩

9. 在 Visual FoxPro 的数据表中,逻辑型、日期型和备注型字段的宽度分别为(　　)。
   A. 1、3、8
   B. 1、8、4
   C. 3、8、10
   D. 3、8、任意

10. 假设学生表 student 中包含有通用型字段,表中通用型字段中的数据均存储到另

一个文件中,该文件名为(　　)。

    A. student. doc　　　　　　　　　　　B. student. mem

    C. student. dbt　　　　　　　　　　　D. student. ftp

11. 下列操作中,不能用 Modify Structure 命令实现的操作是(　　)。

    A. 为表增加字段　　　　　　　　　　B. 对表中的字段名进行修改

    C. 删除表中的某些字段　　　　　　　D. 对表中的记录数据进行修改

12. 在 Visual FoxPro 表中,记录是由字段值构成的数据序列,但数据长度要比各字段宽度之和多一个字节,这个字节是用来存放(　　)的。

    A. 记录分隔标记　　　　　　　　　　B. 记录序号

    C. 记录指针定位标记　　　　　　　　D. 删除标记

13. 用 Modify Structure 命令把数据表文件中"地址"字段的宽度从 18 位改为 14 位,但不修改其他字段。然后显示数据表文件记录,会发现各条记录"地址"字段的数据(　　)。

    A. 全部丢失　　　　　　　　　　　　B. 仍保留 18 位

    C. 只保留前 14 位　　　　　　　　　D. 凡超过 14 位的字段被删除

14. 下列命令用于显示 1977 年及以前出生的职工记录,其中错误的是(　　)。

    A. List For Year(出生日期)<=1977

    B. List For Substr(Dtoc(出生日期),7,2)<="77"

    C. List For Left(Dtoc(出生日期),2)<="77"

    D. List For Right(Dtoc(出生日期),2)<= "77"

15. 可以链接或者嵌入 OLE 对象的字段类型是(　　)。

    A. 备注型字段　　　　　　　　　　　B. 通用型和备注型字段

    C. 通用型字段　　　　　　　　　　　D. 任何类型的字段

16. 当前表文件中有一个长度为 10 的字符型字段 sname,执行如下命令的显示结果是(　　)。

```
Replace sname With "章晓涵"
? Len(sname)
```

    A. 3　　　　　　　　B. 6　　　　　　　　C. 10　　　　　　　　D. 11

17. 在"表设计器"窗口删除数据表的一个字段时,该字段中的数据将(　　)。

    A. 从数据表中删除　　　　　　　　　B. 保留在文本文件中

    C. 仍然保留在数据表中　　　　　　　D. 加上删除标记

18. 如果备注型字段中显示为 Memo,则说明(　　)。

    A. 备注型字段没有任何内容　　　　　B. 备注型字段已输入字符 Memo

    C. 备注型字段已输入内容　　　　　　D. 输入内容有错

19. 一个数据表文件的数值型字段具有 5 位小数,则该字段的宽度最少应当定义为(　　)。

    A. 5 位　　　　　　　B. 6 位　　　　　　　C. 7 位　　　　　　　D. 8 位

20. 下列关于空值的说法正确的是(　　)。

A. 空值与 0、空字符串等具有相同的含义

B. 空值就是缺值或还没有确定值

C. 可以把空值理解为任何意义的数据

D. 对于"价格"字段,空值表示免费

21. 打开一个空表文件,分别用函数 Eof()和 Bof()测试,其结果是(　　)。

　　A. .T.,.T.　　　　　B. .F.,.F.　　　　　C. .T.,.F.　　　　　D. .F.,.T.

22. 某数据表有 C 型、N 型和 L 型 3 个字段,其中 C 型字段宽度为 5,N 型宽度为 6,小数位为 2,表文件共有 100 条记录,则全部记录需要占用的存储空间字节数为(　　)。

　　A. 1100　　　　　B. 1200　　　　　C. 1300　　　　　D. 1400

23. 如果一个数据表有 200 条记录,当前记录号为 176,执行 Skip 30 后,再执行?Recno(),其结果是(　　)。

　　A. 200　　　　　B. 201　　　　　C. 206　　　　　D. 错误提示

24. 下列命令中,可以查看编号为"A1100"的记录的命令是(　　)。

　　Ⅰ. Browse For 编号="A1100"　　　　　Ⅱ. Browse For 编号=A1100

　　Ⅲ. List For 编号="A1100"　　　　　Ⅳ. List Fields 编号="A1100"

　　A. Ⅰ、Ⅱ　　　　　B. Ⅰ、Ⅲ　　　　　C. Ⅱ、Ⅲ　　　　　D. Ⅱ、Ⅳ

25. 当用 Locate 或 Seek 命令查询时,如果找到满足条件的第一条记录,这时函数 Found()返回值是(　　)。

　　A. 0　　　　　B. 1　　　　　C. .F.　　　　　D. .T.

26. 一个数据表文件中的多个备注型字段的内容是存放在(　　)。

　　A. 这个数据表文件中　　　　　B. 一个备注文件中

　　C. 多个备注文件中　　　　　D. 一个文本文件中

27. 假定学生数据表 student.dbf 中前 6 条记录均为男生的记录,执行以下命令序列后,记录指针定位在(　　)。

```
Use student
Goto 3
Locate Next 3 For 性别="男"
```

　　A. 第 1 条记录上　　　　　B. 第 3 条记录上

　　C. 第 4 条记录上　　　　　D. 第 6 条记录上

28. Clear 命令的功能是(　　)。

　　A. 清除工作区窗口　　　　　B. 清除命令窗口

　　C. 关闭所有文件　　　　　D. 删除多余的数据

29. 要想在打开的数据表中删除记录,应先后选用的两个命令是(　　)。

　　A. Delete、Recall　　　　　B. Delete、Pack

　　C. Delete、Zap　　　　　D. Pack、Delete

30. 在打开的数据表中含有字符型字段"商品名"和备注型字段"情况说明",显示备注型字段内容的命令是(　　)。

　　A. List　　　　　B. Display

C. List Fields 商品名 情况说明　　　　D. List Fields 情况说明

31. 顺序执行下面命令之后,屏幕所显示的记录号顺序是(　　),Recno()的结果是(　　)。

```
Use xyz
Go 6
List Next 4
?Recno()
```

A. 4~7,7　　　　B. 4~7,8　　　　C. 6~9,9　　　　D. 6~9,10

32. 数据表文件中有数学、英语、计算机和总分 4 个数值型字段,要将当前记录的 3 科成绩汇总后存入总分字段中,应使用的命令是(　　)。

A. Total 数学+英语+计算机 To 总分

B. Replace 总分 With 数学+英语+计算机

C. Sum 数学,英语,计算机 to 总分

D. Replace All 数学+英语+计算机 With 总分

33. 数据表有 20 条记录,当前记录号为 1,且无索引文件处于打开状态。若执行命令 Skip-1 后再执行命令? Recno(),屏幕将显示(　　)。

A. 0　　　　B. 1　　　　C. -1　　　　D. 出错信息

34. 设某数值型字段宽度为 8,小数位为 2,则该字段的整数部分的最大值取为(　　)。

A. 99999　　　　B. 999999　　　　C. 9999999　　　　D. 99999999

35. 打开"浏览"窗口浏览编辑记录,错误的操作是(　　)。

A. 在"项目管理器"中,先选择一个表,再选择"浏览"按钮

B. 在"项目管理器"中,先选择一个表,再选择"预览"按钮

C. 先打开一个表,再选择"显示"菜单的"浏览"命令

D. 在"数据库设计器"中选择一个表,再选择"数据库"菜单的"浏览"命令

36. 如果在建立数据库表 book.dbf 时,将单价字段的有效性规则设置为"单价>0",通过该设置,能确保数据的(　　)。

A. 参照完整性　　B. 表完整性　　C. 域完整性　　D. 实体完整性

37. 职工工资数据表文件按基本工资字段升序索引后,再执行 Go Top 命令,此时当前记录号为(　　)。

A. 1　　　　　　　　　　　　B. 基本工资最多的记录号

C. 0　　　　　　　　　　　　D. 基本工资最少的记录号

38. 若使用 Replace 命令时,其范围子句为 All 或 Rest,则执行该命令后记录指针指向(　　)。

A. 首记录　　　　　　　　　　B. 末记录

C. 首记录的前面　　　　　　　D. 末记录的后面

39. 设职工数据表文件已经打开,其中有工资字段,要把指针定位在第一个工资大于 620 元的记录上,应使用的命令是(　　)。

A. Find For 工资＞620 　　　　　　 B. Seek 工资＞620

C. Locate For 工资＞620 　　　　　　 D. List For 工资＞620

40. Visual FoxPro 中的 Zap 命令可以删除当前数据表文件的(　　)。

　　A. 全部记录 　　　　　　　　　　 B. 满足条件的记录

　　C. 结构 　　　　　　　　　　　　 D. 有删除标记的记录

41. 数据表有 10 条记录,当前记录号是 3,使用 Append Blank 命令增加一条空记录后,则当前记录的序号是(　　)。

　　A. 4 　　　　　　 B. 3 　　　　　　 C. 1 　　　　　　 D. 11

42. 在职工档案表文件中,"婚否"是 L 型字段(已婚为.t.,未婚为.f.),"性别"是 C 型字段,若要显示已婚的女职工,应该用(　　)。

　　A. List For 婚否.Or.性别="女" 　　　　 B. List For 已婚.And.性别="女"

　　C. List For 婚否.And.性别="女" 　　　　 D. List For 已婚.Or.性别="女"

43. 不论索引是否生效,定位到相同记录上的命令是(　　)。

　　A. Go Top 　　　 B. Go Bottom 　　　 C. Go 6 　　　 D. Skip

44. 在 Visual FoxPro 中,建立索引的作用之一是(　　)。

　　A. 节省存储空间 　　　　　　　　 B. 便于管理

　　C. 提高查询速度 　　　　　　　　 D. 提高查询和更新的速度

45. 以下关于主索引的说法正确的是(　　)。

　　A. 在自由表和数据库表中都可以建立主索引

　　B. 可以在一个数据表中建立主索引

　　C. 数据库中任何一个数据表只能建立一个主索引

　　D. 主索引的关键字值可以为 Null

46. 下列关于索引的叙述,错误的是(　　)。

　　A. 索引改变记录的物理顺序 　　　 B. 索引改变记录的逻辑顺序

　　C. 一个表可以建立多个索引 　　　 D. 一个表可以建立多个候选索引

47. 数据表 AA 中有字符型字段 GH 及数值型字段 GL,以下操作正确的是(　　)。

　　A. Index On GH,GL To aaidx 　　　 B. Index On GH＋GL To aaidx

　　C. Index On GH＋Str(GL)To aaidx 　　 D. Index On Str(GH＋GL)To aaidx

48. 在一个已经打开索引文件的数据表文件中,快速搜索关键字值与表达式值相匹配的记录的命令是(　　)。

　　A. Locate 　　　 B. Seek 　　　 C. Continue 　　　 D. Count

49. 下面有关索引的描述,正确的是(　　)。

　　A. 建立索引以后,原来的数据库表文件中记录的物理顺序将被改变

　　B. 索引与数据库表的数据存储在一个文件中

　　C. 索引文件中保存的是索引关键字和记录号之间的对应关系

　　D. 使用索引并不能加快对表的查询操作

50. 执行命令"Index On 姓名 Tag Index_name"建立索引后,下列叙述错误的是(　　)。

A. 此命令建立的索引是当前有效索引

B. 此命令所建立的索引将保存在. Idx 文件中

C. 表中记录按索引表达式升序排序

D. 此命令的索引表达式是"姓名",索引名是"Index_name"

51. 如果在 2 号工作区打开"学生表"文件后,又进入了别的工作区,当要从别的工作区返回到 2 号工作区时,可以使用的命令是(　　)。

    A. Select 2 　　　　　B. Select B 　　　　C. Select 学生表 　　D. 以上都可以

52. 当前表按"职称"字段建立了索引,利用索引查找职称为"教授"的第二条记录,正确的命令是(　　)。

    A. Seek 职称＝"教授"　　　　　　　　B. Seek ␣"教授"

       Skip 　　　　　　　　　　　　　　　　Continue

    C. Seek "教授"　　　　　　　　　　　　D. Seek "教授"

       Skip 　　　　　　　　　　　　　　　　Seek "教授"

53. 在 d:\rsgl\rsgl. dbf 表中查找男职工的第二条记录,正确的命令是(　　)。

    A. Use d:\rsgl\rsgl. dbf 　　　　　　B. Use d:\rsgl\rsgl. dbf

       Locate For XB＝"男"　　　　　　　Locate For XB＝"男"

       Locate For XB＝"男"　　　　　　　Skip

    C. Use d:\rsgl\rsgl. dbf 　　　　　　D. Use d:\rsgl\rsgl. dbf

       Locate For XB＝"男"　　　　　　　Locate For XB＝"男"

       Continue 　　　　　　　　　　　　　Display Next 2

54. 当一个数据库表被移出数据库成为自由表后,它的主索引会自动变为(　　)。

    A. 候选索引 　　　　　B. 普通索引 　　　　　C. 仍为主索引 　　　D. 唯一索引

55. 以下关于自由表的叙述,正确的是(　　)。

    A. 自由表不能用 Visual FoxPro 建立

    B. 自由表可以用 Visual FoxPro 建立,但是不能把它添加到数据库中

    C. 自由表可以添加到数据库中,数据库表也可以从数据库中移出成为自由表

    D. 自由表可以添加到数据库中,但数据库表不可以从数据库中移出成为自由表

56. 下列说法正确的是(　　)。

    A. 从数据库中移出来的表依然是数据库表

    B. 将某个表从数据库中移出,会影响当前数据库中其他表的操作

    C. 一旦某个表从数据库中移出,它的主索引、默认值及有关的规则都随之消失

    D. 若移出的表在数据库中使用了长表名,那么表移出数据库后依然可以使用长表名

57. 在 Visual FoxPro 中,数据库表与自由表相比具有很多优点,以下所列出的不属于其优点的是(　　)。

    A. 可以命名长表名和表中的长字段名

    B. 可以设置字段的默认值和输入掩码

    C. 可以设置字段级规则和记录级规则

D. 可以创建表之间的临时关系

58. 要限制数据库表中字段的重复值,可以使用( )。

   A. 主索引和普通索引　　　　　　B. 主索引或唯一索引

   C. 主索引或候选索引　　　　　　D. 唯一索引或普通索引

59. 在数据库中,永久关系建立后( )。

   A. 当数据库关闭时自动取消

   B. 如不删除将长期保存

   C. 无法删除

   D. 主表记录指针将随子表记录指针相应移动

60. 可以把"浏览"窗口分为两个分区,下面关于两个窗口的说法中不正确的是( )。

   A. 用户可在同一时刻查看数据表的两个部分

   B. 通常这两个分区是链接的,当一个窗口中的记录滚动时,另外一个窗口中的记录也进行滚动

   C. 这两个部分显示方式可以相同也可以不相同

   D. 这两个部分显示一定相同

61. 使用"Use <文件名>"命令打开表文件时,能够同时自动打开的是( )。

   A. 备注文件和结构复合索引文件　　B. 备注文件和所有索引文件

   C. 备注文件和内存变量文件　　　　D. 备注文件和数据库文件

62. 执行 Select 0 选择工作区的结果是( )。

   A. 选择了 0 号工作区　　　　　　B. 选择了空闲的最小号工作区

   C. 选择了一个空闲的工作区　　　　D. 显示出错信息

63. 若已经在 2 号工作区打开了 gz.dbf,在 1 号工作区打开了 zgqk.dbf,当前工作区是 1 号工作区,要对 2 号工作区中 gz.dbf 的 zgbh 字段进行操作,应该使用的表达式是( )。

   A. zgbh　　　　B. a.zgbh　　　　C. b->zgbh　　　　D. 2->zgbh

64. 在加入复合索引的时候,( )。

   A. 表达式中的字段必须具有相同的类型

   B. 表达式中的字段可以是不同的类型,但在组成索引表达式时必须转换成相同类型

   C. 只按照第一个索引关键字段进行排序

   D. 生成了其他的索引文件

65. 假设当前数据表中有基本工资和奖金两个数值型字段(其值均介于 0~1000 之间)。如要建立索引文件,使基本工资高者在前,基本工资相同时奖金高者在前,应使用命令( )。

   A. Index On 基本工资/D,奖金/D To gzjj

   B. Index On 10000-(基本工资+奖金) To gzjj

   C. Index On Str(-基本工资)+Str(-奖金) To gzjj

　　　　D. Index On Str(10000－基本工资)＋Str(10000－奖金)To gzjj

66. 下列关于创建索引的叙述,错误的是(　　　)。

　　　A. 在"表设计器"的"索引"选项卡中可以建立索引

　　　B. 在"表设计器"的"字段"选项卡中可以建立索引

　　　C. 使用 Index 命令可以建立索引

　　　D. 使用 Create 命令可以建立索引

67. Visual FoxPro 的参照完整性规则不包括(　　　)。

　　　A. 更新规则　　　　　B. 删除规则　　　　　C. 查询规则　　　　D. 插入规则

68. 在 Visual FoxPro 中,使用 Set Relation 命令建立的关联操作是一种(　　　)。

　　　A. 物理连接　　　　　B. 逻辑连接　　　　　C. 物理排序　　　　D. 逻辑排序

69. 在数据库设计器中,建立两个表之间的一对多关系是通过(　　　)实现的。

　　　A. "一方"表的主索引或候选索引,"多方"表的普通索引

　　　B. "一方"表的主索引,"多方"表的普通索引或候选索引

　　　C. "一方"表的普通索引,"多方"表的主索引或候选索引

　　　A. "一方"表的普通索引,"多方"表的候选索引或普通索引

70. 在设计数据库表时,若在"工号"字段的"输入掩码"文本框中输入"GH999",则在输入时输入的格式是(　　　)。

　　　A. 由字母 GH 和 3 个 999 组成　　　　　　B. 由两个任意的字母和 3 个 9 组成

　　　C. 由字母 GH 和 1~3 位数字组成　　　　　D. 由字母 GH 和 3 位数字组成

71. 以下叙述中正确的是(　　　)。

　　　A. 删除一个数据库后,其内的表也一定被删除

　　　B. 任何一个表只能为一个数据库所有,不能同时添加到多个数据库

　　　C. 候选关键字的值不能有重复的数据,但可以有空值

　　　D. 可以为自由表设置主索引、普通索引或候选索引

72. 以下关于工作区的叙述,正确的是(　　　)。

　　　A. 一个工作区上只能打开一个表

　　　B. 一个工作区上可以打开多个表

　　　C. 一个工作区上可以打开多个表,但任意时刻只能打开一个表

　　　D. 使用 Open 命令可以在指定工作区上打开表

73. 为字段设置了(　　　)后,输入的新数据必须符合这个要求才能被接受,否则要求用户重新输入该数据。

　　　A. 有效性规则　　　　　　　　　　　　　B. 有效性信息

　　　C. 默认值　　　　　　　　　　　　　　　D. 删除触发规则

74. 在"数据库设计器"窗口中选择表间关系连线,下列操作中不可以进行的是(　　　)。

　　　A. 删除关系　　　　　　　　　　　　　　B. 添加关系

　　　C. 编辑关系　　　　　　　　　　　　　　D. 编辑参照完整性

75. 在 Visual FoxPro 中进行参照完整性设置时,要想设置成:当更改父表中的主关键字段或候选关键字段时,自动更改所有相关子记录中的对应值,应选择(　　　)。

  A．限制（Restrict）　　　　　　　　B．忽略（Igore）

  C．级联（Cascade）　　　　　　　　D．级联（Cascade）或限制（Restrict）

二、填空题

1．Visual FoxPro 中的数据表主要有两种存在形式，它们是_____和_____。

2．向数据库中添加的表应该是目前不属于任何_____的表。

3．若当前数据库中有 200 个记录，当前记录号是 8，执行命令 List Next 5 的结果是_____。

4．通用型字段的数据可以通过剪贴板粘贴，也可以通过编辑菜单的_____命令来插入图形。

5．要将当前表中"奖金"字段的值全部删除，而表结构及其他字段的值保持不变，可使用命令_____。

6．用 Use 命令打开数据表时，如果使用 Exclusive 可选项，则表示_____。

7．当记录指针指向表文件的首记录时，函数 Bof() 的返回值是_____；接着执行 Skip−1 命令，函数 Bof() 的返回值是_____，函数 Recno() 的返回值是_____。

8．Locate 命令的作用是_____。在索引已打开的情况下，Locate 命令将使记录指针定位于_____顺序上的第一条记录。

9．设某一图书库文件中有字符型字段"分类号"和日期型字段"出版日期"。若要将分类号中以字母"J"开头的图书记录全部加上删除标记，应使用命令_____；若要求真正删除所有 1960 年以前出版的图书记录，应使用命令_____和_____。

10．结构复合索引文件的文件名与数据库文件同名，而扩展名为_____，它随数据表的打开而打开，在增、删记录时会自动维护，因而使用非常方便。

11．在 Visual FoxPro 的"数据库设计器"中，数据库表可建立 3 种不同类型的索引，分别是_____、_____、_____；对于自由表，不能建立的索引是_____。

12．数据库表之间的一对多关系是通过主表的_____索引和子表的_____索引实现的。

13．在"数据库设计器"中，用鼠标建立两个表之间的连线，这种关系为_____，用 Set Relation 命令建立的两个表之间的关系是_____。

14．关联是指不同工作区的记录指针建立起一种_____关系，当父表的记录指针移动时，子表的记录也随之移动。

15．参照完整性与表之间的关系有关，即当_____、_____和_____一个表中的数据时，通过参照引用相关的另一个表的数据，来检查对表的数据操作是否正确。

16．"参照完整性生成器"对话框中的"删除规则"选项卡用于指定删除_____表中的记录时所用的规则；"插入规则"选项卡用于指定在_____表中插入新记录或更新已存在的记录时所用的规则。

17．在 Visual FoxPro 中，主索引和候选索引可以保证数据的_____完整性。

18．在定义字段有效性规则时，在规则框中输入的表达式类型是_____。

19. Set Order To Tag bh 命令表示_____。

20. 在索引已打开的情况下,要使记录指针指向逻辑上的首记录,应使用_____命令。

21. 假如学生表已按性别字段建立了降序排列的索引 xb,并已设置其为主控索引,则表中记录显示顺序为_____。

22. 引用非当前工作区中表的字段的格式为_____。

23. 要实现先按班级编号(bjbh,C,6)的升序排序,同班的同学按入学成绩(cj,N,3)的升序排序,同班且成绩相同再按出生日期(csrq,D)的升序排序,索引表达式为_____。

24. 数据库表文件中,字符型字段的最大宽度为_____,数值型字段的最大宽度为_____,日期型字段的最大宽度为_____,逻辑型字段的最大宽度为_____,备注型字段的最大宽度为_____。

25. 若当前表中有"职称"字段,要显示所有具有教师高级职称的职工记录,可以使用命令_____。

26. 打开 gz. dbf 表文件并同时打开索引文件 gz1. idx 和 gz2. idx 的命令是_____。

27. 在 zgqk. dbf 中,求博士的平均年龄并保存到"age"变量中,可使用命令_____。

28. 在 zgqk. dbf 中,求女教授的人数,可使用_____命令。

29. 假设当前表为 zgqk. dbf,将其中 108 部门(字段名为 bmbh)的职工记录复制到新表 zg_108. dbf,应使用_____命令。

30. 在学生数据表 xs. dbf 中已输入 6 条记录,请写出下面命令①～⑩执行之后 Recno()、Bof()、Eof()的函数值。

学号	姓名	数学	英语	计算机	总分
20090104	郭蕾	88	90	85	
20080218	房彬彬	75	89	67	
20090125	刘珊琦	90	78	83	
20080317	谷海	87	62	74	
20080120	舒欣	80	90	65	
20090518	傅颖	89	93	90	

命令	Recno()	Bof()	Eof()	
Use zgqk	_____	_____	_____	①
Skip—1	_____	_____	_____	②
Go 3	_____	_____	_____	③
List Rest	_____	_____	_____	④
Append Blank	_____	_____	_____	⑤
Replace 学号 With ⎵"20090420",姓名 With ⎵"黄汉林",数学 With 85,; 　　英语 With 78,计算机 With 90	_____	_____	_____	⑥
Replace All 总分 With 数学＋英语＋计算机	_____	_____	_____	⑦
Index On 学号 To xsxh				

Go Top	_____	_____	_____ ⑧
Go Bottom	_____	_____	_____ ⑨
Display For Left(学号,4)="2008"		_____	_____ ⑩
Use			

三、判断题

判断下列说法是否正确。正确为"T",错误为"F"。

1. 当数据表打开时不能被删除。 （　　）

2. 表结构一旦建立就不能修改,若修改则表中记录将丢失。 （　　）

3. 删除一个文件时,必须先关闭该文件。 （　　）

4. 多字段索引时,只要把各字段相加组成索引表达式即可。 （　　）

5. 在同一个数据表文件中,所有记录的长度均相等。 （　　）

6. Go 1 和 Go Top 命令等价。 （　　）

7. 数据表文件记录的总宽度是表设计器中定义的各个字段宽度之和。 （　　）

8. 当为数据表文件更名时,其同名的备注文件、结构复合索引文件也必须更名。（　　）

9. 在未打开索引文件时,数据表记录按物理顺序排列。 （　　）

10. 数据表记录指针随着光标的移动而移动。 （　　）

11. 每次用 Use 命令打开数据表时,记录指针总是指向记录号为 1 的记录。 （　　）

12. 设当前数据表有 100 条记录,记录指针指向第 50 条记录,执行 Append Blank 命令后,指针指向 51 号记录,该记录为空记录。 （　　）

13. Zap 命令将数据表结构和记录全部删除。 （　　）

14. 单索引和复合索引都能用 Descending 可选项设置升序排序。 （　　）

15. 打开数据表文件,使用 List 命令显示记录以后,再执行 Display 命令,将显示数据表第一条记录内容。 （　　）

16. 一个数据表中的所有备注型字段和通用型字段的内容均存储在同一个表备注文件中。 （　　）

17. Replace 命令可以修改内存变量和字段变量的值。 （　　）

18. Seek 命令可用于查找字符型、数值型和日期型数据。 （　　）

19. 用 Use 命令打开数据表,指针指向第一条记录,因此 Bof() 函数的结果为.T.。 （　　）

20. List All 命令可以将备注型字段的内容显示出来。 （　　）

21. 使用 List All 命令后,用函数 Eof() 测试,返回值为.T.。 （　　）

22. 执行 Zap 后,当前记录指针为 0。 （　　）

23. 当 Bof() 为.T. 时,Recno() 的值为 1。 （　　）

24. Close All 和 Clear All 两条语句的功能相同。 （　　）

25. 默认情况下,Count 命令将带有删除标记的记录计算在内。 （　　）

26. 在资源管理器中,可以直接双击打开索引文件。 （　　）

27. 打开 Browse 窗口,使用"表"菜单中的"调整字段大小"命令可以改变字段的宽度。 （　　）

28. List、Display、Replace、Delete 等命令中,省略＜范围＞可选项时,它们的默认范围均为 All。   (   )

29. 用 Set Index To ⌴<文件名>命令打开索引文件时,无需打开相应的数据表文件。   (   )

30. 在同一工作区中可以同时打开多个数据表,同一个数据表也可在多个工作区中同时打开。   (   )

31. Null 指没有任何值,与 0、空串具有相同的含义。   (   )

32. 空值是一种数据类型,当给一个字段或变量赋空值时,其类型为空值类型。(   )

33. 数据表中的各条记录的顺序可以任意颠倒,不影响数据表中数据的实际意义。
                                                                (   )

34. 数据库表和自由表之间可以相互转换。   (   )

35. 一个数据表可以同时属于多个数据库。   (   )

36. 数据库表间的永久关系能使子表记录指针随父表记录指针的移动而相应移动。
                                                                (   )

37. 对于数据库表,其"浏览"或"编辑"窗口显示的字段标题可以跟字段名不同。(   )

38. 数据库表文件指的是在一个数据库中建立的文件。   (   )

39. 数据库的参照完整性规则包括插入、删除和更新规则,每个规则中都有 3 个选项:级联、限制和触发。   (   )

40. 建立表之间的临时关系,既可以通过命令实现,也可以在表单的数据环境中建立。   (   )

第 4 章   数据查询与视图

查询和视图是 Visual FoxPro 提供的快速访问数据库数据的工具。本章主要介绍了查询和视图的建立过程,两者的区别,以及用视图更新源数据表的方法。

4.1   学习提要

1. 学习目标与要求

通过本章学习,读者应达到以下要求:

(1) 了解查询与视图的概念和作用。

(2) 掌握查询的建立和使用方法。

(3) 掌握本地视图的建立与使用。

2. 重点与难点

(1) 本章重点:查询与视图的区别;查询与视图的建立、运行;用视图更新数据表。

(2) 本章难点:多表查询的建立;用视图更新数据表的方法。

3. 主要知识点

1) 查询的建立和使用

(1) 用查询向导建立查询。

（2）用"查询设计器"建立和修改查询，包括单表查询和多表查询。

（3）设置查询去向和运行查询；查看对应的 SQL 命令。

2）视图的建立和使用

（1）视图的概念和作用。

（2）用"视图设计器"建立和修改视图；参数化视图。

（3）建立连接和创建远程视图。

（4）修改视图数据并更新数据表。

（5）视图的打开、关闭、显示、索引等操作。

4.2　习题

一、单项选择题

1. 使用菜单操作方法打开一个在当前目录下已经存在的查询文件 zgjk. qpr 后，在命令窗口生成的命令是（　　）。

    A. Open Query zgjk. qpr　　　　　B. Modify Query zgjk. qpr

    C. Do Query zgjk. qpr　　　　　　D. Create Query zgjk. qpr

2. 以下关于"查询"的描述正确的是（　　）。

    A. 查询保存在项目文件中　　　　B. 查询保存在数据库文件中

    C. 查询保存在数据表文件中　　　　D. 查询保存在查询文件中

3. 如果要在屏幕上直接看到查询结果，"查询去向"应该选择（　　）。

    A. 屏幕　　　　　　　　　　　　B. 浏览

    C. 临时表或屏幕　　　　　　　　D. 浏览或屏幕

4. 在 Visual FoxPro 中建立查询时，可以从表中提取符合指定条件的一组记录（　　）。

    A. 但不能修改记录

    B. 同时又能更新数据

    C. 但不能设定输出字段

    D. 同时可以修改数据，但不能将修改的内容写回原数据表

5. 关于查询，正确的叙述是（　　）。

    A. 不能使用自由表建立查询　　　B. 不能使用数据库表建立查询

    C. 只能使用数据库表建立查询　　D. 可以使用数据库表和自由表建立查询

6. 运行 d:\rsgl\cx_zg. qpr 查询文件的命令是（　　）。

    A. Do Form cx_zg　　　　　　　B. Do cx_zg. qpr

    C. Do cx_zg　　　　　　　　　　D. Do . QPR

7. 关于查询向导的叙述，正确的是（　　）。

    A. 查询向导只能为一个表建立查询

    B. 查询向导只能为多个表建立查询

    C. 查询向导可以为一个或多个表建立查询

    D. 上述说法都不对

8. 下列描述不正确的是( )。
   A. 查询是以 .qpr 为扩展名的文件
   B. 查询实际上是一个定义好的 SQL Select 语句,可以在不同场合直接使用
   C. 查询去向设置为"表"用以保存对查询的设置
   D. 可以使用自由表和数据库表建立查询

9. 关于"查询设计器",正确的描述是( )。
   A. "连接"选项卡与 SQL 语句的 Group By 短语对应
   B. "筛选"选项卡与 SQL 语句的 Having 短语对应
   C. "排序依据"选项卡与 SQL 语句的 Order By 短语对应
   D. "分组依据"选项卡与 SQL 语句的 Join On 短语对应

10. 在 Visual FoxPro 中,关于视图的正确叙述是( )。
    A. 视图与数据库表相同,用来存储数据
    B. 视图不能同数据库表进行连接操作
    C. 在视图上不能进行更新操作
    D. 视图是从一个或多个数据库表导出的虚拟表

11. 关于视图的运行,错误的叙述是( )。
    A. 在"项目管理器"中选择要运行的视图,单击"运行"按钮
    B. 在"视图设计器"修改视图时,选择"查询"菜单的"运行查询"命令
    C. 在"视图设计器"修改视图时,单击工具栏中的"!"按钮
    D. 在"项目管理器"中选择要运行的视图,单击"浏览"按钮

12. 视图是根据数据库表派生出来的"表",当关闭数据库后,视图( )。
    A. 仍然包含数据   B. 不再包含数据
    C. 用户可以决定是否包含数据   D. 依赖于是否是数据库表

13. 以下关于视图叙述不正确的是( )。
    A. 视图依赖于数据库不能独立存在
    B. 可以使用"浏览"窗口显示或修改视图中的数据
    C. 可以用 Use 命令打开视图
    D. 可以使用 Modify Structure 命令修改视图的结构

14. 下列选项中,视图不能完成的是( )。
    A. 指定可更新的表   B. 指定可更新的字段
    C. 删除和视图相关的表   D. 设置参数

15. 在 Visual FoxPro 中以下叙述正确的是( )。
    A. 利用视图可以修改数据   B. 利用查询可以修改数据
    C. 查询和视图具有相同的作用   D. 视图可以定义输出去向

16. "查询设计器"和"视图设计器"的主要不同表现在( )。
    A. 查询设计器有"更新条件"选项卡,没有"查询去向"选项
    B. 查询设计器没有"更新条件"选项卡,有"查询去向"选项
    C. 视图设计器没有"更新条件"选项卡,有"查询去向"选项

D. 视图设计器有"更新条件"选项卡,也有"查询去向"选项

17. 如果要使视图显示两张表中满足条件的记录,应选择的连接类型是( )。

    A. 内部连接   B. 左连接   C. 右连接   D. 完全连接

18. 有关多表查询结果中,说法正确的是( )。

    A. 只可包含其中一个表的字段

    B. 必须包含查询表的所有字段

    C. 可包含查询表的所有字段,也可包含查询表的部分字段

    D. 以上说法均不正确

19. "视图设计器"和"查询设计器"界面很相像,在"查询"下拉菜单中( )。

    A. 视图可以定义"视图参数",查询可以定义"查询去向"

    B. 视图可以定义"视图去向",查询可以定义"查询参数"

    C. 视图可以定义"视图参数",查询可以定义"查询参数"

    D. 视图可以定义"视图去向",查询可以定义"查询去向"

20. 下列几项中,不能作为查询输出目标的是( )。

    A. 临时表   B. 视图   C. 标签   D. 图形

二、填空题

1. "查询设计器"的"筛选"选项卡用来指定查询的_____。

2. "查询设计器"的"字段"选项卡用于_____;"筛选"选项卡用于_____;"排序依据"选项卡用于_____。

3. 查询就是向一个数据库发出检索信息的请求,从中提取出_____的记录。

4. 查询文件的内容是一条_____语句,它的扩展名为_____。

5. 视图是依存于数据库的一张_____,不以独立的文件形式保存。

6. 视图的数据源可以是数据库表、_____或另一个_____。

7. 视图有_____和_____两种。

8. 远程视图的数据来源是远程的服务器,必须首先在数据库中建立一个命名的_____。

9. 打开 rsgl 数据库中的"cx_zg"视图,浏览视图中的数据,依次使用的命令是_____。

10. 视图与查询的本质区别在于,视图可以_____源数据表中的数据。

三、判断题

判断下列说法是否正确。正确为"T",错误为"F"。

1. Visual FoxPro 的多表查询中提供的连接方式有左连接、右连接、内部连接和外部连接。   ( )

2. 查询的数据源可以来自多个数据表,但表和表之间必须按关键字连接。   ( )

3. 用查询设计器设计的查询,有些不能用 SQL Select 查询语句来实现。   ( )

4. 临时表不能作为查询的去向。   ( )

5. 查询文件中保存的是查询结果。   ( )

6. 在视图设计器中,用户可以通过创建表达式,把一个字符型字段和一个数值型字段,以一个字段的形式显示在视图中。　　　　　　　　　　　　　　　（　　）

7. 视图是在表或其他视图上导出的逻辑表,它需要对应的物理表存在。　　（　　）

8. 视图中的数据可以更新,而查询结果中的数据不可以更新。　　　　　　（　　）

9. 在同一数据库的视图之间可以建立关联关系。　　　　　　　　　　　　（　　）

10. 查询设计器中"连接"选项卡对应 SQL 中的 Join 关键字。　　　　　　（　　）

11. 视图中的数据源不能是另外一个视图。　　　　　　　　　　　　　　　（　　）

12. 可以通过更新视图中的数据来更新源数据表中的数据。　　　　　　　　（　　）

第 5 章　关系数据库结构化查询语言 SQL

本章介绍关系数据库的标准语言 SQL 的基础知识,包括 SQL 语言的特点、功能;介绍了 SQL 语言中基本的数据定义、数据查询和其他数据操纵命令的使用;重点介绍了 SQL Select 查询命令。本章内容是本教材的重要内容之一,是关系数据库操作的基本知识。

5.1　学习提要

1. 学习目标与要求

通过本章学习,读者应达到以下要求:

（1）了解 SQL 语言的基本功能和特点。

（2）掌握 SQL 语言的数据定义功能,包括数据库定义、表的定义和修改,了解视图的定义。

（3）熟练掌握 SQL 语言的数据查询功能,包括条件查询、连接查询、嵌套查询、统计数据查询、分组查询等。

（4）掌握 SQL 语言的其他数据操纵功能,包括插入数据、更新数据、删除数据等。

2. 重点与难点

（1）本章重点:SQL 数据查询功能,包括基本查询、连接查询、嵌套查询、分组查询、查询统计数据。

（2）本章难点:嵌套查询、分组查询、查询统计数据,数据定义语句。

3. 主要知识点

1）SQL 语言的数据查询功能

（1）Select 语句的基本结构、主要子句。

（2）查询条件表达式,条件子句中使用的运算符、通配符。

（3）连接查询,内部连接、左连接、右连接、全连接。

（4）嵌套查询、Union 运算符。

（5）查询统计数据,分组查询统计数据,统计函数使用。

（6）查询结果排序和保存。

2）SQL 语言的数据修改功能

（1）插入数据。

（2）更新数据。

（3）删除数据。

3）SQL 语言的数据定义功能

（1）数据表的定义方法。Create Table 语句的使用，主关键字、字段有效性规则、字段默认值的定义方法等。

（2）数据表的修改方法。Alter 语句的使用，增加、删除字段，修改字段类型、字段宽度、字段有效性规则、字段默认值等。

（3）删除表。Drop Table 语句的使用。

（4）视图定义与删除语句。

5.2　习题

一、单项选择题

1. 下列说法正确的是（　　　）。

   A. SQL 语言不能直接以命令方式交互使用，而只能嵌入到程序设计语言中以程序方式使用

   B. SQL 语言只能直接以命令方式交互使用，而不能嵌入到程序设计语言中以程序方式使用

   C. SQL 语言不可以直接以命令方式交互使用，也不可以嵌入到程序设计语言中以程序方式使用，是在一种特殊的环境下使用的语言

   D. SQL 语言既可以直接以命令方式交互使用，也可以嵌入到程序设计语言中以程序方式使用

2. SQL 语言具有（　　　）的功能。

   A. 关系规范化、数据操纵、数据控制

   B. 数据定义、数据操纵、数据控制

   C. 数据定义、关系规范化、数据控制

   D. 关系规范化、数据操纵、数据查询

3. SQL 语言中使用最多的功能是（　　　）。

   A. 数据查询　　　　B. 数据修改　　　　C. 数据定义　　　　D. 数据控制

4. SQL 语句中，Select 命令中 Join 短语用于建立表之间的联系，连接条件应出现在（　　　）短语中。

   A. Where　　　　B. On　　　　C. Having　　　　D. In

5. SQL 语句中删除表中数据的语句是（　　　）。

   A. Drop　　　　B. Erase　　　　C. Cancle　　　　D. Delete

6. 用 SQL 语句建立表时为属性定义主索引，应在 SQL 语句中使用短语（　　　）。

   A. Default　　　　B. Primary Key　　　　C. Check　　　　D. Unique

7. SQL 语句的 Drop Index 的作用是（　　　）。
    A. 删除索引　　　　　B. 建立索引　　　　　C. 修改索引　　　　　D. 更改索引

8. SQL 语句中条件短语的关键字是（　　　）。
    A. Where　　　　　　B. For　　　　　　　　C. While　　　　　　D. Condition

9. SQL 中可以使用的通配符有（　　　）。
    A. *　　　　　　　　B. %　　　　　　　　　C. _　　　　　　　　D. A、B、C 均可

10. SQL 的数据操纵语句不包括（　　　）。
    A. Insert　　　　　　B. Delete　　　　　　　C. Update　　　　　　D. Change

11. SQL 语言的字符串匹配运算符是（　　　）。
    A. Like　　　　　　　B. And　　　　　　　　C. In　　　　　　　　D. =

12. 将查询结果放在数组中应使用（　　　）短语。
    A. Into Cursor　　　　B. To Array　　　　　　C. Into Table　　　　　D. Into Array

13. SQL 实现分组查询的短语是（　　　）。
    A. Order By　　　　　B. Group By　　　　　　C. Having　　　　　　D. Asc

14. 用 SQL 语句建立表时为属性定义有效性规则，应使用短语（　　　）。
    A. Default　　　　　　B. Primary Key　　　　C. Check　　　　　　D. Unique

15. 书写 SQL 语句，若语句要占用多行，在前面行的末尾要加续行符（　　　）。
    A. ：　　　　　　　　B. ；　　　　　　　　　C. ，　　　　　　　　D. "

16. 用于更新表中数据的 SQL 语句是（　　　）。
    A. Update　　　　　　B. Replace　　　　　　C. Drop　　　　　　　D. Alter

17. SQL 语句中，集合的并运算符是（　　　）。
    A. Not　　　　　　　B. Or　　　　　　　　　C. And　　　　　　　D. Union

18. SQL 查询语句中，（　　　）短语用于实现关系的投影操作。
    A. Where　　　　　　B. Select　　　　　　　C. From　　　　　　　D. Group By

19. 向表中插入数据的 SQL 语句是（　　　）。
    A. Insert　　　　　　B. Insert In　　　　　　C. Insert Blank　　　　D. Insert Before

20. Having 短语不能单独使用，且必须放在（　　　）短语之后。
    A. Order By　　　　　B. From　　　　　　　C. Where　　　　　　D. Group By

21. SQL 语句中的短语（　　　）。
    A. 必须是大写的字母　　　　　　　　　　B. 必须是小写的字母
    C. 大小字母均可　　　　　　　　　　　　D. 大小写字母不能混合使用

22. 在 Visual FoxPro 中，以下有关 SQL 的 Select 语句的叙述中，错误的是（　　　）。
    A. Select 子句中可以包含表中的列和表达式
    B. Select 子句中可以使用别名
    C. Select 子句规定了结果集中的列顺序
    D. Select 子句中列的顺序应该与表中列的顺序一致

下面的 23～28 题要用到下面的表：

student 表

学号(C,4)	姓名(C,6)	性别(C,2)	年龄(N,2)	总成绩(N,3,0)
0301	曹茹欣	女	19	
0302	倪红健	男	20	
0303	肖振奥	男	21	

course 表

课程号(C,2)	课程名(C,10)	学时数(N,3,0)	课程号(C,2)	课程名(C,10)	学时数(N,3,0)
01	计算机	68	03	大学物理	190
02	哲学	120			

score 表

学号(C,4)	课程号(C,2)	成绩(N,3,0)	学号(C,4)	课程号(C,2)	成绩(N,3,0)
0301	01	85	0302	02	78
0301	02	86	0303	01	90
0302	03	65	0303	02	91

23. 建立 student 表的结构：学号(C,4),姓名(C,8),课程号(C,2),成绩(N,3),使用 SQL 语句(　　)。

　　A. New student(学号 C(4),姓名 C(8),课程号 C(2),成绩 N(3,0))

　　B. Create table student(学号 C(4),姓名 C(8),课程号 C(2),成绩 N(3,0))

　　C. Create student(学号,姓名,课程号,成绩) With(C(4),C(8),C(20),N(3,0))

　　D. Alter student(学号 C(4),姓名 C(8),课程号 C(2),成绩 N(3,0))

24. 在上面 3 个表中查询学生的学号、姓名、课程名和成绩使用 SQL 语句(　　)。

　　A. Select A.学号,A.姓名,B.课程名,C.成绩 From student,course,score

　　B. Select 学号,姓名,课程名,成绩 From student,course,score

　　C. Select Student.学号,姓名,课程名,成绩 From student,course,score;
　　　 Where student.学号＝score.学号 And course.课程号＝score.课程号

　　D. Select A.学号,A.姓名,B.课程名,C.成绩 From student a,course b,score C;
　　　 Where student.学号＝score.学号 And course.课程号＝score.课程号

25. 在 score 表中,按成绩升序排列,将结果存入 NEW 表中,使用 SQL 语句(　　)。

　　A. Select * From score Order By 成绩

　　B. Select * From score Order By 成绩 Into Cousor new

　　C. Select * From score Order By 成绩 Into Table new

　　D. Select * From score Order By 成绩 To new

26. 有 SQL 语句:

Select 学号,Avg(成绩)␣As 平均成绩 From score Group By 学号 Into Table temp

执行该语句后,temp 表中的第二条记录的"平均成绩"字段的内容是(　　)。

A. 85.5　　　　　B. 71.5　　　　　C. 92.33　　　　　D. 85

27. 有 SQL 语句:

Select Distinct 学号 From score Into Table T

执行该语句后,T 表中记录的个数是(　　)。

A. 6　　　　　　　B. 5　　　　　　　C. 4　　　　　　　D. 3

28. "Update 学生 Set 年龄＝年龄＋1"命令的功能是(　　)。

A. 将"学生"表中所有学生的年龄变为一岁

B. 给"学生"表中所有学生的年龄加一岁

C. 给"学生"表中当前记录的学生的年龄加一岁

D. 将"学生"表中当前记录的学生的年龄变为一岁

29. Delete From S Where 年龄＞60 语句的功能是(　　)。

A. 从 S 表中彻底删除年龄大于 60 岁的记录

B. S 表中年龄大于 60 岁的记录被加上删除标记

C. 删除 S 表

D. 删除 S 表的年龄列

第 30～33 题使用如下 3 个数据库表:

学生表:S(学号,姓名,性别,出生日期,院系)

课程表:C(课程号,课程名,学时)

选课成绩表:SC(学号,课程号,成绩)

在上述表中,出生日期数据类型为日期型,学时和成绩为数值型,其他均为字符型。

30. 用 SQL 命令查询选修的每门课程的成绩都高于或等于 85 分的学生的学号和姓名,正确的命令是 (　　)。

A. Select 学号,姓名 From S Where Not Exists;

(Select * From Sc Where Sc.学号＝S.学号 And 成绩＜85)

B. Select 学号,姓名 From S Where Not Exists;

(Select * From Sc Where Sc.学号＝S.学号 And 成绩＞＝85)

C. Select 学号,姓名 From S,Sc;

Where S.学号＝Sc.学号 And 成绩＞＝85

D. Select 学号,姓名 From S,Sc;

Where S.学号＝Sc.学号 And All 成绩＞＝85

31. 用 SQL 语言检索选修课程在 5 门以上(含 5 门)的学生的学号、姓名和平均成绩,并按平均成绩降序排序,正确的命令是(　　)。

A. Select S.学号,姓名,平均成绩 From S,Sc Where S.学号＝Sc.学号;

Group By S.学号 Having Count(*)＞＝5 Order By 平均成绩 Desc

B. Select 学号,姓名,Avg(成绩)From S,Sc Where S.学号＝Sc.学号 And;

Count(*)＞＝5;

　　Group By 学号 Order By 3 Desc

　　C．Select S．学号，姓名，Avg(成绩) 平均成绩 From S,Sc Where S．学号＝Sc．学号；
　　　　And Count(*)＞＝5 Group By S．学号 Order By 平均成绩 Desc

　　D．Select S．学号，姓名，Avg(成绩) 平均成绩 From S,Sc Where S．学号＝Sc．学号；
　　　　Group By S．学号 Having Count(*)＞＝5 Order By 3 Desc

32. 查询每门课程的最高分，要求得到的信息包括课程名和分数，正确的命令是(　　)。

　　A．Select 课程名，Sum(成绩)As 分数 From C,Sc；
　　　　Where C．课程号＝Sc．课程号 Group By 课程名

　　B．Select 课程名，Max(成绩)分数 From C,Sc；
　　　　Where C．课程号＝Sc．课程号 Group By 分数

　　C．Select 课程名，Sum(成绩)分数 From C,Sc Where C．课程号＝Sc．课程号；
　　　　Group By C．课程号

　　D．Select 课程名，Max(成绩)As 分数 From C,Sc；
　　　　Where C．课程号＝Sc．课程号 Group By 课程号

33. 查询所有目前年龄是 22 岁的学生信息：学号、姓名和年龄，正确的命令组是(　　)。

　　A．Create View Age_List As；
　　　　Select 学号，姓名，Year(Date())－Year(出生日期)␣年龄 From S
　　　　Select 学号，姓名，年龄 From Age_List Where 年龄＝22

　　B．Create View Age_List As；
　　　　Select 学号，姓名，Year(出生日期)␣From S
　　　　Select 学号，姓名，年龄 From Age_List Where Year(出生日期)＝22

　　C．Create View Age_List As；
　　　　Select 学号，姓名，Year(Date())－Year(出生日期)␣年龄 From S
　　　　Select 学号，姓名，年龄 From 学生 Where Year(出生日期)＝22

　　D．Create View Age_List As Student；
　　　　Select 学号，姓名，Year(Date())－Year(出生日期)␣年龄 From S
　　　　Select 学号，姓名，年龄 From Student Where 年龄＝22

34. "图书"表中有字符型字段"图书号"。要求用 SQL Delete 命令将图书号以字母 "A"开头的图书记录全部打上删除标记，正确的命令是　　　　　　(　　)。

　　A．Delete From 图书 For 图书号 Like"A％"

　　B．Delete From 图书 While 图书号 Like"A％"

　　C．Delete From 图书 Where 图书号＝"A * "

　　D．Delete From 图书 Where 图书号 Like"A％"

35. SQL 语句中修改表结构的命令是(　　)。

　　A．Alter Table　　　　　　　　　　B．Modify Table

　　C．Alter Structure　　　　　　　　D．Modify Structure

36. 假设"订单"表中有订单号、职员号、客户号和金额字段,正确的 SQL 语句只能是( )。

    A. Select 职员号 From 订单 Group By 职员号;
       　Having Count(＊)＞3 And Avg_金额＞200

    B. Select 职员号 From 订单 Group By 职员号;
       　Having Count(＊)＞3 And Avg(金额)＞200

    C. Select 职员号 From 订单 Group By 职员号;
       　Count(＊)＞3 Where Avg(金额)＞200

    D. Select 职员号 From 订单;
       　Group By 职员号 Where Count(＊)＞3 And Avg_金额＞200

37. 要使"产品"表中所有产品的单价上浮 8％,正确的 SQL 命令是( )。

    A. Update 产品 Set 单价＝单价＋单价＊8％ For All

    B. Update 产品 Set 单价＝单价＊1.08 For All

    C. Update 产品 Set 单价＝单价＋单价＊8％

    D. Update 产品 Set 单价＝单价＊1.08

38. 假设同一名称的产品有不同的型号和产地,则计算每种产品平均单价的 SQL 语句是( )。

    A. Select 产品名称,Avg(单价)From 产品 Group By 单价

    B. Select 产品名称,Avg(单价)From 产品 Order By 单价

    C. Select 产品名称,Avg(单价)From 产品 Order By 产品名称

    D. Select 产品名称,Avg(单价)From 产品 Group By 产品名称

39. 在 SQL 语句中,与表达式"工资 between 1210 And 1240"功能相同的表达式是( )。

    A. 工资＞＝1210 And 工资＜＝1240　　　B. 工资＞1210 And 工资＜1240

    C. 工资＜＝1210 And 工资＞1240　　　　D. 工资＞＝1210 Or 工资＜＝1240

40. 在 SQL 语句中,与表达式"仓库号 Not In("wh1","wh2")"功能相同的表达式是( )。

    A. 仓库号＝"wh1" And 仓库号＝"wh2"

    B. 仓库号!＝"wh1" Or 仓库号♯"wh2"

    C. 仓库号＜＞"wh1" Or 仓库号!＝"wh2"

    D. 仓库号!＝"wh1" And 仓库号!＝"wh2"

第 41～46 题使用如下 3 个表:

部门:部门号 C(8),部门名 C(12),负责人 C(6),电话 C(16)

职工:部门号 C(8),职工号 C(10),姓名 C(8),性别 C(2),出生日期 D

工资:职工号 C(10),基本工资 N(8.2),津贴 N(8.2),奖金 N(8.2),扣除 N(8.2)

41. 查询职工实发工资的正确命令是( )。

    A. Select 姓名,(基本工资＋津贴＋奖金－扣除)␣As 实发工资 From 工资

    B. Select 姓名,(基本工资＋津贴＋奖金－扣除)␣As 实发工资 From 工资;
       　Where 职工.职工号＝工资.职工号

　　C. Select 姓名,(基本工资＋津贴＋奖金－扣除)␣As 实发工资;

　　　　From 工资,职工 Where 职工.职工号＝工资.职工号

　　D. Select 姓名,(基本工资＋津贴＋奖金－扣除)␣As 实发工资;

　　　　From 工资 Join 职工 Where 职工.职工号＝工资.职工号

42. 查询 1962 年 10 月 27 日出生的职工信息的正确命令是(　　)。

　　A. Select * From 职工 Where 出生日期＝{^1962-10-27}

　　B. Select * From 职工 Where 出生日期＝1962-10-27

　　C. Select * From 职工 Where 出生日期＝"1962-10-27"

　　D. Select * From 职工 Where 出生日期＝("1962-10-27")

43. 查询每个部门年龄最长者的信息,要求得到的信息包括部门名和最长者的出生日期,正确的命令是(　　)。

　　A. Select 部门名,Min(出生日期)␣From 部门 Join 职工 On 部门.部门号＝职工.部门号;

　　　　Group By 部门名

　　B. Select 部门名,Max(出生日期)␣From 部门 Join 职工;

　　　　On 部门.部门号＝职工.部门号 Group By 部门名

　　C. Select 部门名,Min(出生日期)␣From 部门 Join 职工;

　　　　Where 部门.部门号＝职工.部门号 Group By 部门名

　　D. Select 部门名,Max(出生日期)␣From 部门 Join 职工;

　　　　Where 部门.部门号＝职工.部门号 Group By 部门名

44. 查询有 10 名以上(含 10 名)职工的部门信息(部门名和职工人数),并按职工人数降序排列,正确的命令是(　　)。

　　A. Select 部门名,Count(职工号)␣As 职工人数;

　　　　From 部门,职工 Where 部门.部门号＝职工.部门号;

　　　　Group By 部门名 Having Count(*)>＝10;

　　　　Order By Count(职工号)␣Asc

　　B. Select 部门名,Count(职工号)␣As 职工人数;

　　　　From 部门,职工 Where 部门.部门号＝职工.部门号;

　　　　Group By 部门名 Having Count(*)>＝10;

　　　　Order By Count(职工号)␣Desc

　　C. Select 部门名,Count(职工号)␣As 职工人数;

　　　　From 部门,职工 Where 部门.部门号＝职工.部门号;

　　　　Group By 部门名 Having Count(*)>＝10;

　　　　Order By 职工人数 Asc

　　D. Select 部门名,Count(职工号)␣As 职工人数;

　　　　From 部门,职工 Where 部门.部门号＝职工.部门号;

　　　　Group By 部门名 Having Count(*)>＝10;

　　　　Order By 职工人数 Desc

45. 查询所有目前年龄在 35 岁以上(不含 35 岁)的职工信息(姓名、性别和年龄),正确的命令是(   )。

    A. Select 姓名,性别,Year(Date())－Year(出生日期)␣年龄 From 职工;
        Where 年龄>35

    B. Select 姓名,性别,Year(Date())－Year(出生日期)␣年龄 From 职工;
        Where Year(出生日期)>35

    C. Select 姓名,性别,Year(Date())－Year(出生日期)␣年龄 From 职工;
        Where Year(Date())－Year(出生日期)>35

    D. Select 姓名,性别,年龄＝Year(Date())－Year(出生日期)␣From 职工;
        Where Year(Date())－Year(出生日期)>35

46. 为"工资"表增加一个"实发工资"字段的正确命令是 (   )。

    A. Modify Table 工资 Add Column 实发工资 N(9,2)

    B. Modify Table 工资 Add Field 实发工资 N(9,2)

    C. Alter Table 工资 Add Column 实发工资 N(9,2)

    D. Alter Table 工资 Add Field 实发工资 N(9,2)

第 47～52 题使用如下 3 个表:

职员:职员号 C(3),姓名 C(6),性别 C(2),组号 N(1),职务 C(10)

客户:客户号 C(4),客户名 C(36),地址 C(36),所在城市 C(36)

订单:订单号 C(4),客户号 C(4),职员号 C(3),签订日期 D,金额 N(6.2)

47. 查询金额最大的那 10% 订单的信息,正确的 SQL 语句是 (   )。

    A. Select * Top 10 Percent From 订单

    B. Select Top 10% * From 订单 Order By 金额

    C. Select * Top 10 Percent From 订单 Order By 金额

    D. Select Top 10 Percent * From 订单 Order By 金额 Desc

48. 查询订单数在 3 个以上、订单的平均金额在 200 元以上的职员号,正确的 SQL 语句是(   )。

    A. Select 职员号 From 订单 Group By 职员号 Having Count(*)>3 And Avg_
        金额>200

    B. Select 职员号 From 订单 Group By 职员号 Having Count(*)>3 And Avg
        (金额)>200

    C. Select 职员号 From 订单 Group By 职员号 Having Count(*)>3 Where
        Avg(金额)>200

    D. Select 职员号 From 订单 Group By 职员号 Where Count(*)>3 And Avg_
        金额>200

49. 显示 2005 年 1 月 1 日后签订的订单,显示订单的订单号、客户名以及签订日期,正确的 SQL 语句是(   )。

    A. Select 订单号,客户名,签订日期 From 订单 Join 客户;
        On 订单.客户号＝客户.客户号 Where 签订日期>{^2005-1-1}

  B.　Select 订单号,客户名,签订日期 From 订单 Join 客户;

   Where 订单.客户号＝客户.客户号 And 签订日期＞{^2005-1-1}

  C.　Select 订单号,客户名,签订日期 From 订单,客户;

   Where 订单.客户号＝客户.客户号 And 签订日期＜{^2005-1-1}

  D.　Select 订单号,客户名,签订日期 From 订单,客户;

   On 订单.客户号＝客户.客户号 And 签订日期＜{^2005-1-1}

50.　显示没有签订任何订单的职员信息(职员号和姓名),正确的 SQL 语句是(   )。

  A.　Select 职员.职员号,姓名 From 职员 Join 订单;

   On 订单.职员号＝职员.职员号 Group By 职员.职员号 Having Count(＊)＝0

  B.　Select 职员.职员号,姓名 From 职员 Left Join 订单;

   On 订单.职员号＝职员.职员号 Group By 职员.职员号 Having Count(＊)＝0

  C.　Select 职员号,姓名 From 职员;

   Where 职员号 Not In(Select 职员号 From 订单)

  D.　Select 职员.职员号,姓名 From 职员;

   Where 职员.职员号＜＞(Select 订单.职员号 From 订单)

51.　从订单表中删除客户号为"1001"的订单记录,正确的 SQL 语句是(   )。

  A.　Drop From 订单 Where 客户号＝"1001"

  B.　Drop From 订单 For 客户号="1001"

  C.　Delete From 订单 Where 客户号＝"1001"

  D.　Delete From 订单 For 客户号="1001"

52.　将订单号为"0060"的订单金额改为 169 元,正确的 SQL 语句是 (   )。

  A.　Update 订单 Set 金额＝169 Where 订单号="0060"

  B.　Update 订单 Set 金额 With 169 Where 订单号＝"0060"

  C.　Update From 订单 Set 金额＝169 Where 订单号="0060"

  D.　Update From 订单 Set 金额 With 169 Where 订单号="0060"

二、填空题

1.　SQL 支持集合的并运算,运算符是_____。

2.　SQL Select 语句的功能是_____。

3.　"职工"表有工资字段,计算工资合计的 SQL 语句是:

Select _____ From 职工

4.　要在"成绩"表中插入一条记录,应该使用的 SQL 语句是:

_____成绩(学号,英语,数学,语文)Values("2001100111",91,78,86)

第 5~8 题使用如下 3 个表:

零件.dbf:(零件号 C(2),零件名称 C(10),单价 N(10),规格 C(8))

使用零件.dbf:(项目号 C(2),零件号 C(2),数量 I)

项目.dbf:(项目号 C(2),项目名称 C(20),项目负责人 C(10),电话 C(20))

5. 为"数量"字段增加有效性规则：数量＞0，应该使用的 SQL 语句是：

_____ Table 使用零件 _____ 数量 Set _____ 数量>0

6. 查询与项目"S1"（项目号）所使用的任意一个零件相同的项目号、项目名称、零件和零件名称，使用的 SQL 语句是：

Select 项目.项目号,项目名称,使用零件.零件号,零件名称;
From 项目,使用零件,零件 Where 项目.项目号=使用零件.项目号 _____ ;
使用零件.零件号= 零件.零件号 And 使用零件.零件号 _____ ;
(Select 零件号 From 使用零件 Where 使用零件.项目号='S1')

7. 建立一个由零件名称、数量、项目号、项目名称字段构成的视图，视图中只包含项目号为"S2"的数据，应该使用的 SQL 语句是：

Create View Item_View _____ ;
Select 零件.零件名称,使用零件.数量,使用零件.项目号,项目.项目名称;
From 使用零件 Inner Join 零件;
On 使用零件.零件号=零件.零件号;
Inner Join _____ ;
On 使用零件.项目号=项目.项目号;
Where 项目.项目号='S2'

8. 从上一题建立的视图中查询使用数量最多的两个零件的信息，应该使用的 SQL 语句是：

Select * _____ 2 From Item_View _____ 数量 Desc

第 9～11 题使用如下 3 个数据库表（说明：I 是整型数据）：
金牌榜：(国家代码 C(3),金牌数 I,银牌数 I,铜牌数 I)
获奖牌情况：(国家代码 C(3),运动员名称 C(20),项目名称 C(3),名次 I)
国家：(国家代码 C(3),国家名称 C(20))
"金牌榜"表中一个国家一条记录；"获奖牌情况"表中每个项目中的各个名次都有一条记录，名次只取前 3 名，例如：

国家代码	运动员名称	项目名称	名次
001	刘翔	男子 110 米栏	1
001	李小鹏	男子双杠	3
002	菲尔普斯	游泳男子 200 米自由泳	3
002	菲尔普斯	游泳男子 400 米个人混合泳	1
001	郭晶晶	女子三米板跳板	1
001	李婷/孙甜甜	网球女子双打	1

9. 为表"金牌榜"增加一个字段"奖牌总数"，同时为该字段设置有效性规则：奖牌总数≥0，应使用 SQL 语句：

Alter Table 金牌榜 _____ 奖牌总数 I _____ 奖牌总数≥0

10. 使用"获奖牌情况"和"国家"两个表查询"中国"所获金牌（名次为 1）的数量，应使用 SQL 语句：

Select Count(*) From 国家 Inner Join 获奖牌情况；

_____国家.国家代码=获奖牌情况.国家代码；

Where 国家.国家名称="中国"␣And 名次=1

11. 将金牌榜.dbf 中的新增加的字段奖牌总数设置为金牌数、银牌数、铜牌数 3 项的和,应使用 SQL 语句：

_____金牌榜_____奖牌总数=金牌数+银牌数+铜牌数

三、写出实现下列查询功能的 SQL 命令

下列命令所使用的表为"rsgl.dbc"(人事管理库)中的数据表,详见教材《Visual FoxPro 数据库管理系统教程》第 3 章和本书的"实验概述"小节。

1. 在 zgqk 表中查询已婚职工的姓名和出生日期。

2. 查询经济系和会计系职工名单。

3. 查询女性职工的平均基础工资(jcgz)。

4. 在 zgqk 表中查询男性职工的姓名和学历。

5. 查询教授、副教授的平均基础工资数额。

6. 查询基础工资低于 2000 元的职工名单。

7. 统计每个系人数。

8. 统计每个系教授人数,结果按照教授人数降序排序。

9. 查询有科研成果的职工名单。

10. 查询没有科研成果的部门名称。

11. 统计全体职工的工资之和,工资包括 jcgz、zwgz、zjgz。

12. 按部门统计基础工资超过 2000 元的人数。

13. 查询科研成果最多的部门。

四、写出实现下列数据修改功能的 SQL 命令

利用教材中的 rsgl 数据库,实现下列要求：

1. 向 zgqk 表中插入一条记录,zgbh、xm、xb、xl、xw、zc 等字段的值分别为"199009"、"和红"、"女"、"研究生"、"博士"、"助教"。

2. 删除上题中插入的记录。

3. 将 gz 表中 jcgz+zwgz<2000 的教师的 zwgz 增加 200 元。

4. 将 zgqk 和 gz 表中 zc 字段值为"教授"的教师的 zwgz 增加 10%。

5. 复制 bm 表到 bm1 表,将 bm1 表中的 bmbh 字段的所有数据最前面字符修改为"B",如"109"变为"B09"。

五、SQL 语言的数据定义命令使用

1. 创建 yygl(营业管理)数据库和以下 3 表,并以 3 个表的第一个字段建立主索引。

职员：(职员号 C(3),姓名 C(6),性别 C(2),组号 N(1),职务 C(10))

客户：(客户号 C(4),客户名 C(36),地址 C(36),所在城市 C(36))

订单：(订单号 C(4)，客户号 C(4)，职员号 C(3)，签订日期 D，金额 N(6.2))

2. 为 1 题中职员表的"性别"字段设置有效性规则。

3. 为 1 题中客户表的"所在城市"字段设置默认值，如"北京"。

4. 为职员表增加一个字段——手机号码 C(11)。

5. 删除职员表中字段"组号"。

6. 使用"Select * From 职员 Into Table 职员 1"命令，复制职员表，然后删除职员 1 表。

7. 利用教材中的 rsgl 数据库创建视图 age，字段包括 zgbh、xm、xb、zc、bmmc、nl，其中，nl 代表年龄。

8. 删除视图 age。

第 6 章　结构化程序设计基础

本章介绍结构化程序设计的基本知识，包括程序设计的基本过程和方法，程序的基本控制结构，还介绍了常用的输入输出命令、子程序、过程文件和自定义函数的使用等知识。

6.1　学习提要

1. 学习目标与要求

通过本章学习，读者应达到以下要求：

(1) 了解程序、算法的基本概念，了解常用的算法表示方法。

(2) 掌握 VFP 中程序建立、运行的方法。

(3) 熟练掌握基本输入、输出命令的使用方法和特点。

(4) 熟练掌握分支结构、循环结构命令的使用方法和特点。

(5) 掌握子程序、参数传递、过程文件和自定义函数的使用。

(6) 熟练掌握编写程序对数据表中的数据进行操作的方法；了解在程序中嵌入 SQL 语句的基本方法。

(7) 了解程序调试器的使用方法。

2. 重点与难点

(1) 本章重点：程序文件的建立、编辑与执行；常用程序设计辅助命令、分支结构、循环结构、子程序的使用；变量的作用域。

(2) 本章难点：分支结构、循环结构；子程序设计；参数传递。

3. 主要知识点

1) 程序和算法

(1) 程序、算法的概念。

(2) 用流程图法表示算法。

(3) 程序的建立和执行。

2) 程序控制结构

(1) 输入语句 Input、Accept，输出语句 ? 和 ?? 的应用。

（2）分支结构 If、Do Case 语句的应用。

（3）循环结构 Do While、For、Scan 语句的应用。

3）模块化程序设计

（1）子程序设计、调用、参数传递。

（2）变量的作用域。

（3）过程、自定义函数、过程文件应用。

（4）程序调试。

6.2 习题

一、单项选择题

1. 组成 Visual FoxPro 应用程序的基本结构是（　　）。

　　A. 顺序结构、分支结构和模块结构　　　　B. 顺序结构、分支结构和循环结构

　　C. 逻辑结构、物理结构和程序结构　　　　D. 分支结构、重复结构和模块结构

2. 在 Visual FoxPro 中，命令文件的扩展名是（　　）。

　　A. txt　　　　　　B. prg　　　　　　　C. dbf　　　　　　D. fmt

3. 用于声明某变量为全局变量的命令是（　　）。

　　A. With　　　　　B. Private　　　　　C. Public　　　　D. Parameters

4. 能接受一位整数并存放到内存变量 Y 中的正确命令是（　　）。

　　A. Wait To Y　　B. Accept To Y　　　C. Input To Y　　D. ? Y

5. Visual FoxPro 中的 Do Case、Endcase 语句属于（　　）。

　　A. 顺序结构　　　B. 循环结构　　　　　C. 分支结构　　　D. 模块结构

6. 在"先判断再工作"的循环程序结构中，循环体执行的次数最少可以是（　　）。

　　A. 0　　　　　　 B. 1　　　　　　　　C. 2　　　　　　　D. 不确定

7. 若将过程或函数放在过程文件中，可以在应用程序中使用（　　）命令打开过程文件。

　　A. Set Procedure To␣<文件名>　　　　B. Set Function To␣<文件名>

　　C. Set Program To␣<文件名>　　　　　D. Set Routine To␣<文件名>

8. 在 Visual FoxPro 程序中，注释行使用的符号是（　　）。

　　A. //　　　　　　 B. *　　　　　　　　C. '　　　　　　　D. { }

9. Visual FoxPro 循环结构设计中，在指定范围内扫描表文件，查找满足条件的记录并执行循环体中的操作命令，应使用的循环语句是（　　）。

　　A. For　　　　　　B. While　　　　　　C. Scan　　　　　D. 以上都可以

10. 假设有如下程序：

```
Clear
Use Gz
Do While !Eof()
    If 基本工资>=800
        Skip
```

```
        Loop
      Endif
      Display
      Skip
Enddo
Use
Return
```

该程序实现的功能是(　　　)。

A. 显示所有基本工资大于等于 800 元的职工信息

B. 显示所有基本工资小于 800 元的职工信息

C. 显示第一条基本工资大于等于 800 元的职工信息

D. 显示第一条基本工资小于 800 元的职工信息

11. 执行下列程序：

```
Store 0 To X,Y
Do While X<20
    X=X+Y
    Y=Y+2
Enddo
?X,Y
Return
```

在屏幕上显示的输出结果是(　　　)。

A. 20 10　　　　　B. 10 20　　　　　　C. 20 22　　　　D. 22 20

12. 执行下列程序后，变量 X 的值为(　　　)。

```
Public X
X=5
Do Sub
?"X=",X
Return
Procedure Sub
Private X
X=1
X=X*2+1
Return
```

A. 5　　　　　　B. 6　　　　　　　C. 7　　　　　　D. 8

13. 下面程序的运行结果是(　　　)。

```
Dimension A(6)
For K=1 To 6
  A(K)=30-3*K
Endfor
K=5
```

```
Do While K>=1
  A(K)=A(K)-A(K+1)
  K=K-1
Enddo
?A(2),A(4),A(6)
Set Talk On
Return
```

A. 12 15 18　　B. 18 12 15　　　　　C. 18 15 12　　D. 15 18 12

14. Loop 语句不能出现在仅有（　　）语句的程序段中。

A. Do Enddo　　B. If Endif　　　　C. For Endfor　　D. Scan Endscan

15. 程序如下：

```
S=0
I=1
Do While I<4
  Accept "请输入字符串：" To X
  If "A" $X
    S=S+1
  Endif
  I=I+1
Enddo
?S
Return
```

运行时输入"abcd"、"ABCD"、"aBcD"，输出 S 的值是（　　）。

A. 1　　　　　B. 2　　　　　C. 3　　　　　D. 4

16. 设数据表文件 cj.dbf 中有两条记录，内容如下：

记录号	XM	ZF
1	王燕	300.00
2	李明	500.00

此时，运行以下程序的结果应当是（　　）。

```
Use cj
m->zf=0
Do While .Not. Eof(   )
    m->zf=m->zf+zf
    Skip
Enddo
?m->zf
Return
```

A. 800.00　　B. 500.00　　　　　C. 300.00　　D. 200.00

17. 有如下 Visual FoxPro 程序：

```
**主程序 zcx.prg        **子程序 zcx1.prg
Clear                    k1=k1+'500'
k1='25'                 Return
?k1
Do zcx1
?k1
Return
```

用命令 Do zcx 运行程序后,屏幕显示的结果为(   )。

A. 25   B. 25   C. 25   D. 25
    500   525   25500   25

18. 设数据表文件 xscj.dbf 中有 8000 条记录,其文件结构是:姓名(C,8),成绩(N, 5,1)。运行以下程序,屏幕上将显示(   )。

```
Use xscj
J=0
Do While.Not. Eof()
  J=J+成绩
  Skip
Enddo
? '平均分:'+Str(J/8000,5,1)
Return
```

A. 平均分:Xxx.X(X 代表数字)   B. 数据类型不匹配

C. 平均分:J/8000   D. 字符串溢出

19. 执行如下程序:

```
Store "" To ans
Do While .T.
  Clear
  ?"1.添加 2.删除 3.修改 4.退出"
  Accept "请输入选择:" To ans
  If Val(ans)<=3.And. Val(ans)<>0
    Prog="Prog"+Ans+".Prg"
    Do &Prog
  Endif
  Quit
Enddo
Return
```

如果在屏幕上显示"请输入选择:"时,输入 4,则系统将(   )。

A. 调用子程序 prog4.prg   B. 调用子程序 &prog.prg

C. 返回 Visual FoxPro 主窗口   D. 返回操作系统状态

20. 有如下 Visual FoxPro 程序:

```
**主程序:z.prg          **子程序:z1.prg
```

```
Clear                          X2=X2+1
Store 10 To X1,X2,X3           Do Z2
X1=X1+1                        X1=X1+1
Do Z1                          Return
?X1+X2+X3                      **子程序：Z2.Prg
Return                         X3=X3+1
                              Return To Master
```

执行命令 Do Z 后,屏幕显示的结果为(　　　)。

A. 33　　　　　　　B. 32　　　　　　　　C. 31　　　　　　　D. 30

21. 下列程序的运行结果是(　　　)。

```
Store 0 To M,N
Do While M<30
  N=N+3
  M=M+N
Enddo
?M,N
Return
```

A. 30 12　　　　　B. 12 30　　　　　　C. 45 15　　　　　D. 15 45

22. 在下列程序中,如果要使程序继续循环,变量 M 的输入值应为(　　　)。

```
Do While .T.
  Wait "M=" To M
  If Upper(M) $ "YN"
    Exit
  Endif
Enddo
```

A. Y 或 y　　　　　　　　　　　　B. N 或 n

C. Y,y 或 N,n　　　　　　　　　D. Y、y、N、n 之外的任意字符

23. 下列程序执行时,在键盘上输入 9,则屏幕上的显示结果是(　　　)。

```
Input "X=" To X
Do Case
    Case X>10
        ?"OK1"
    Case X>20
        ?"OK2"
    Othewise
        ?"OK3"
Endcase
```

A. "OK1"　　　　B. OK1　　　　　　C. OK2　　　　　D. OK3

24. 设某程序中有 prog1.prg、prog2.prg、prog3.prg 共 3 个程序依次嵌套,下面叙述

中正确的是(　　)。

  A. 在 prog1. prg 中用!Run prog2. prg 语句可以调用 prog2. prg 子程序

  B. 在 prog2. prg 中用 Run prog3. prg 语句可以调用 prog3. prg 子程序

  C. 在 prog3. prg 中用 Return 语句可以返回 prog1. prg 主程序

  D. 在 prog3. prg 中用 Return To Master 语句可以返回 prog1. prg 主程序

25. 执行下列程序:

```
Clear
Store 1 To I,A,B
Do While I<=3
  Do Prog1
  ??"P("+Str(I,1)+")="+Str(A,2)+","
  I=I+1
Enddo
??"B="+Str(B,2)
Return
Procedure Prog1
A=A*2
B=B+A
Return
```

  程序的运行结果为(　　)。

  A. P(1)=2,P(2)=3,P(3)=4,b=15 B. P(1)=2,P(2)=4,P(3)=6,b=8

  C. P(1)=2,P(2)=4,P(3)=6,b=18 D. P(1)=2,P(2)=4,P(3)=8,b=15

二、阅读程序题

1. 写出下列程序的运行结果。

```
Store 0 To N,S
Do While .T.
  N=N+1
  S=S+N
  If N>11
    Exit
  Endif
Enddo
?"S="+Str(S,2)
Return
```

2. 写出下列程序的运行结果。

```
Clear
Store 1 To S,I,J
Do While I<=10
  S=S+I+J
```

```
  J=10
  Do While J>1
    S=S+J+I
    J=J-5
  Enddo
  I=I+5
Enddo
?"S=",S
Return
```

3. 写出下列程序的运行结果。

```
Clear
M=1
Do While M<4
  N=1
  ??M
  Do While N<=M
    Tt=N+M
    ??Tt
    N=N+1
  Enddo
  ?
  M=M+1
Enddo
Return
```

4. 有如下 abc. prg 和 xyz. prg 两个程序,写出执行命令 Do abc 后的结果。

```
**abc.prg
Store 10 To a,b,c
Do xyz With a,a+b,10
?a,b,c
?i,m,n
Return
**xyz.prg
Para x,y,z
Public i,m
Store 5 To i,m,n
i=x+y
X=y+z
y=m+n
?x,y,z
Return
```

5. 写出下列程序的运行结果。

```
Store 0 To A,B,C,D,N
Do While .T.
   N=N+5
   Do Case
   Case N<=50
    A=A+1
     Loop
   Case N>=100
      B=B+1
      Exit
   Case N>=80
      C=C+1
   Other
      D=D+1
   Endcase
   n=n+5
Enddo
?A,B,C,D,N
Return
```

6. 有如下 test. prg 和 sub. prg 两个程序,写出执行命令 Do test 后的结果。

```
* test.prg
Public a
a=1
c=3
b=5
Do sub
?"返回主程序:a,b,c,d=",a,b,c,d
Return
* sub.prg
Private c
a=a+1
d=2
c=4
b=6
?"过程中 a,b,c,d=",a,b,c,d
Return
```

7. 阅读下列程序,并给出运行结果。

```
Clear
Stor 0 To X,Y,S1,S2,S3
Do While X<15
```

```
      X=X+1
      Do Case
         Case Int(X/2)=X/2
             S1=S1+X/2
         Case Mod(X,3)=0
             S2=S2+X/3
         Case Int(X/2)<>X/2
             S3=S3+1
      Endcase
Enddo
?S1,S2,S3
Return
```

8. 阅读下列程序,并写出运行结果。

```
Clear
Store 1 To X
Store 30 To Y
Do While X<=Y
  If Int(X/2)<>X/2
    X=1+X^2
    Y=Y+1
  Else
    X=X+1
  Endif
Enddo
?X
?Y
Return
```

9. 有下列两个程序,写出执行命令 Do prog1 后的运行结果。

```
**prog1.prg
X="同学们"
Y="你们好!"
?X+Y
Do subpro
?X,Y,Z
Return
**subpro.prg
Private X
Public Z
X=100
Y=200
Z=300
?X+Y+Z
Return
```

10. 有以下 3 个程序,写出执行命令 Do test 后运行的结果。

```
**test.prg
a=5
b=6
c=7
Do sub1
?'a1,b1,c1=',a,b,c
Do sub2 With a+b,c,10
?'a2,b2,c2=',a,b,c
Return
**sub1.prg
Private b,c
a=21
b=22
c=23
Return
Do sub1
Return
**sub2.prg
Parameter x,y,z
?'x,y,z=',x,y,z
x=31
y=32
z=33
Return
```

11. 阅读下面两个程序,写出执行 Do main 命令后的运行结果。

```
**main.prg
X1=1
X2=3
Do P1 With X1,X2
?"X1="+Str(X1,1),"X2="+Str(X2,1)
X1=2
X2=4
Do P1 With X1,X1+X2
?."X1="+Str(X1,1),"X2="+Str(X2,1)
Return
**P1.Prg
Para W1,W2
W1=W1*2
W2=W2*2
Return
```

12. 写出下面程序的运行结果。

```
Dimension Y(3,4)
For I=1 To 3
  For J=I+1 To 4
    Y(I,J)=I+J
  Endfor
Endfor
?Y(2+1),Y(2+2),Y(2+3)
?Y(3,2),Y(3,3),Y(3,4)
Return
```

13. 写出下面程序的运行结果。

```
Clear
Dime X(3,4)
Store 1 To I,K
Do While I<=3
    J=1
    Do While J<=4
        X(I,J)=K
        ??X(I,J)
        K=K+5
        J=J+1
    Enddo
    I=I+1
 Enddo
Return
```

14. 有如下两个程序，写出执行 Do main 命令的运行结果。

```
*main.prg
Clear Memory
Dime X(4,3)
I=1
Do While I<3
    J=I+1
    X(I,J)=J
    Do Sub
    X(I,J)=I
    I=I+1
Enddo
X(J,I)=4
?X(1,1),X(1,2),X(1,3)
?X(6),X(2,1),X(5),X(7)
Return
```

```
* SUB.PRG
If X(I,J)>=3
    X(I+J)=X(I,J)
Endif
J=J-1
Return
```

三、程序填空题

1. STD 表中含有字段：姓名(C,8)，课程名(C,6)，成绩(N,3,0)，下面一段程序用于显示所有成绩及格的学生信息。

```
Clear
Use STD
Do While( ___①___ )
    If ␣成绩>=60
        ?"姓名："+姓名,"课程："+课程名,"成绩："+Str(成绩,3,0)
    Endif
    ( ___②___ )
Enddo
Use
Return
```

2. 下面的程序功能是按姓名提供学生成绩的查询，请填空：

```
Use std
Accept "请输入待查学生姓名：" To xm
Do While .Not. Eof()
    If ␣(_____)
        ??"姓名："+姓名,"成绩："+Str(成绩,3,0)
    Endif
    Skip
Enddo
Return
```

3. 下面程序用于逐个显示数据表 teacher.dbf 中职称为教授的数据记录，请填空。

```
Clear
Use Teacher
Do While .Not. Eof()
    If ␣职称<>"教授"
        Skip
        (_____)
    Endif
    Display
    Wait ␣"按任意键继续！"
    Skip
```

```
Enddo
Use
Return
```

4. 有学生表 student.dbf,其中编号(N,2,0)字段的值从 1 开始连续排列。以下程序欲按编号的 1,9,17,25,…的规律抽取学生参加比赛,并在屏幕上显示参赛学生的编号,请填空。

```
Clear
Use Student
Do While .Not. Eof()
    If Mod(_____)
        ??编号
    Endif
    ·Skip
Enddo
Use
Clear
Return
```

5. 计算机等级考试的查分程序如下,请填空。

```
Use Student Index St
Accept "请输入准考证号: " To Num
Seek(_____)
If Found()
    ?姓名,"成绩: "+Str(成绩,3,0)
Else
?"没有此考生!"
Endif
Use
Return
```

6. 阅读下列判断一个自然数是否为质(素)数的程序,并将程序填写完整。

```
Input "请输入一个大于 1 的自然数: " To N
K=0                     &&K值为 0 表示输入的数是质数,为 1 表示不是质数
J=2
Do While J<N
    If Mod(N,J)(___①___)
        (___②___)
        Loop
    Else
        K=1
        Exit
    Endif
```

```
Enddo
If K= 0
    ?( ③ )+"是质数"
Else
    ?"No!"
Endif
Return
```

7. 设共有 5 个数据表文件 std1.dbf～std5.dbf,下面程序的功能是删除每个表文件的末记录,请填空。

```
n=1
Do Whlie N<=5
    M=Str(N,1)
    Db=(_____)
    Use &Db
    Goto Bottom
    Delete
    Pack
    N=N+1
Enddo
Use
Return
```

8. 下面程序的功能是根据销售文件 sale.dbf 中的数据去修改库存表文件 inventry.dbf 的数据,请对程序填空。

```
Select 1
Use Inventry
Select 2
Use sale
Do While( ① )
    Select 1
    Locate For 商品名=B->商品名
    Replace 数量 With B->数量,总金额 With 单价*数量
    Select 2
    ( ② )
Enddo
Close Database
Return
```

9. 设有图书表 tsh(总编号,分类号,书名,作者,出版单位,单价);读者表 dzh(借书证号,姓名,性别,单位,职称,地址);借阅表 jy(借书证号,总编号,借阅日期,备注)。下面程序的功能是打印已借书读者的借书证号、姓名、单位以及借阅图书的书名、单价、借阅日期,请阅读程序并填空。

```
Select 1
Use dzh
Index On 借书证号 To dshh
Select 2
Use tsh
Index On 总编号 To shh
Select 3
Use jy
Set Relation To 借书证号 Into A
(   ①   )
List(   ②   )To Print
Close All
Return
```

10. 已知成绩表 chj. dbf 含有学号、平时成绩、考试成绩、等级等字段,前 3 个字段已存有某班学生的数据。其中,平时成绩和考试成绩均填入了百分制成绩。请以平时成绩占 20%、考试成绩占 80% 的比例确定等级并填入等级字段。等级评定办法是: 90 分以上为优,75~89 分为良,60~74 分为及格,60 分以下为不及格。

```
Use chj
Do While(   ①   )
    Zhcj= 平时成绩 * 0.2+考试成绩 * 0.8
    Do Case
        Case(   ②   )
            dj= "优"
        Case(   ③   )
            dj="良"
        Case(   ④   )
            dj="及格"
        Otherwise
            (   ⑤   )
    Endcase
    Replace 等级(   ⑥   )
    (   ⑦   )
Enddo
List
Use
Return
```

11. 下面程序从键盘输入 10 个数,然后找出其中的最大值与最小值,最大值存放在变量 MAX 中,最小值存放在变量 MIN 中,请完善程序。

```
Input To X
MAX=X
MIN=X
I=1
```

```
Do While(   ①   )
    Input To X
    If(   ②   )
        MAX=X
    Endif
    If(   ③   )
        MIN=X
    Endif
    I=I+1
Enddo
?MAX,MIN
Return
```

12. 完善以下程序,使它成为对任意一个表都可以追加、删除记录的通用程序。

```
Accept "请输入文件名: " To name
Use(   ①   )
?"1. 追加记录"
?"2. 删除记录"
Wait "请选择(1-2): " To M
If(   ②   )
    Append Blank
    Edit
Else
    Input "输入要删除的记录号: " To N
    (   ③   )
    Delete
    Pack
Endif
Use
Return
```

13. 设有表文件"职工.dbf(职工编号,姓名,民族)"和"工资.dbf(职工编号,工资)",要在它们之间建立逻辑连接,然后为每个少数民族职工的工资增加200元,最后显示全体职工的职工编号、姓名和工资,请对如下程序填空。

```
Select 1
Use 职工
(   ①   )To zgbh
Select 2
Use 工资
Set Relation To(   ②   )
Replace 工资 With(   ③   )For(   ④   )
List 职工编号,(   ⑤   ),工资
Set Relation To
Closed Data
Return
```

14. 设有"课程表.dbf"的内容如下：

Record#	编号	课程名称	任课教师	学时数	类别
1	0001	计算机基础	李小军	30	必修
2	0003	数据库技术	刘燕玲	46	必修
3	0005	离散数学	周兰兰	36	必修

下面的程序是利用 Gather 命令来修改表中的第二条记录，将课程名称改成"程序设计"，任课教师改成"陈小华"，类别改成"选修"，其他字段内容不变。请将程序补充完整。

```
Use 课程表
Dimension( ① )
K(1)="程序设计"
K(2)="陈小华"
K(3)="选修"
( ② )
Gather( ③ )
Close Database
Return
```

15. 以下程序先输入 10 个学生的学号及其成绩，然后按成绩从大到小的顺序进行排序，最后按排序结果输出每个学生的名次、学号及其成绩。请将该程序补充完整。

```
Clear
( ① )
For I=1 To 10
  Input "学号" To N(I)
  Input "成绩" To L(I)
Next I
For I=1 To 9
  For( ② )To 10
    If L(I)<L(J)
      B=L(I)
      L(I)=L(J)
      L(J)=B
      ( ③ )
      ( ④ )
      ( ⑤ )
    Endif
  Next J
Next I
?"名次","学号","成绩"
For I=1 To 10
  ( ⑥ )
Next I
Return
```

16. 以下是一个评分统计程序。共有 10 个评委打分,统计时,去掉一个最高分和一个最低分,其余 8 个分数的平均值即为最后得分。程序最后应显示这个得分及最高分和最低分,显示精度为一位整数,两位小数。程序如下,将程序补充完整。

```
Clear
(  ①  )
?"输入 10 个评委的打分:"
For I=1 To 10
    Input To X(I)
Endfor
(  ②  )
For I=2 To 10
If MAX<X(I)
    MAX=X(I)
Else
    If(  ③  )
        MIN=X(I)
    Endif
Endif
S=S+X(I)
Endfor
Avg=(  ④  )
?"平均分为:",(  ⑤  )
?"最高分为:",(  ⑥  )
?"最低分为:",(  ⑦  )
Return
```

四、程序设计题

1. 试用主、子程序调用的方法,编写一个求 100 之内所有素数的程序。

2. 编写一个用户自定义函数 Sign( ),当自变量为正数时,返回 1;当自变量为负数时,返回 -1;当自变量为零时,返回 0。

3. 假定数据表 abc.dbf 有 3 个字段 10 条记录,试将 abc.dbf 表中的第四条记录和第六条记录的内容互换。

4. 设 3 个数据表的结构和记录数据如下:

学生表 stu.dbf

记录号	学号	姓名
1	93061	王小燕
2	93062	李丽
3	93063	詹贵
4	93064	潘泰
5	93065	戚沙

课程表 kc.dbf

记录号	课程号	课程名
1	C804	数据结构
2	C803	数据库
3	C801	C 语言
4	C806	操作系统
5	C808	程序设计

学生选课表 xk.dbf

记录号	学号	课程号	成绩	记录号	学号	课程号	成绩
1	93061	C808	61	6	93063	C804	76
2	93061	C803	78	7	93063	C803	65
3	93062	C803	90	8	93064	C806	92
4	93062	C804	58	9	93064	C808	85
5	93062	C801	89				

各字段属性规定如下：

学号：C,5;姓名：C,10;课程号：C,4;课程名：C,10;成绩：N,4,1

试编一程序 kccx.prg，查找并显示指定课程的学生的学号、姓名、该课程的成绩。给定课程从键盘输入，直接回车时结束查询。例如，当从键盘输入课程名"数据库"时，应显示：

记录号	学号	姓名	成绩
2	93061	王小燕	78
3	93062	李丽	90
7	93063	詹贵	65

5. 设已有某单位工资表 gz.dbf，包括字段：职工号(C,6)、姓名(C,6)、基本工资(N,7)、奖金(N,7)、津贴(N,7)、房租(N,6)、水电费(N,6)、实发工资(N,7)。其中，职工号的前4位是部门编码(1001～1005)，共5个部门。请编写程序 prog.prg，其功能是找出各个部门中实发工资最高的记录，将它们按部门编码顺序存放在与工资库 gz.dbf 具备相同结构的表 ggz.dbf 中，并在 ggz.dbf 中增加一条空记录，把统计出的该单位的最高工资填入实发工资字段栏。

6. 设作者表 zz.dbf 有字段：书号、书名、作者名、出版日期;单价表 dj.dbf 有字段：书号、单价、数量、出版社。编写程序 prog.prg，先建立两表之间的关联，然后根据键盘输入的作者姓名列出该作者出版的所有书名、出版日期、单价和数量。如果没有此作者的书，则显示"表中没有 XX 作者的书"(其中 XX 应显示为输入的作者名)。

7. 设有学生考试表 ks.dbf 和学生结业表 jy.dbf 两个文件，这两个表的结构相同，为了颁发结业证书并备案，试编写程序 prog.prg，把考试表 ks.dbf 中笔试成绩和上机成绩均及格记录的"结业否"字段修改为逻辑真，并将可以结业的记录追加到结业表 jy.dbf 中。

8. 假设 file1.dbf 和 file2.dbf 两个表的结构基本相同，都有5个字段，字段名称分别为：

file1.dbf：bh、xm、xb、nl、zw
file2.dbf：编号、姓名、性别、年龄、职务

试编写程序 prog.prg，要求将 file1.dbf 中的所有记录追加到 file2.dbf 中。

9. 按下列要求编制程序：已建立了一个日销售文件(营业员代号，品名，数量，单价，

营业额),每一笔营业构成一个记录,但其中营业额字段的值都不填写,而是 0,编制能查询某个营业员全天营业额的程序。

10. 数据表 score(学号,物理,高数,英语和学分),前 4 项已经有数据,设计程序计算每个学生的总学分,并存入学分字段。

计算方法:物理≥60　　2学分,否则 0 学分

高数≥60　　3学分,否则 0 学分

英语≥60　　4学分,否则 0 学分

并根据上面的计算结果生成一个新的数据表 xf(表结构与 score 表一致,按学分升序排序,如果学分相等,则按学号降序排序)。

第 7 章　面向对象的程序设计

本章是面向对象的程序设计。与第 5 章介绍的面向过程的结构化程序设计不同,主要介绍面向对象程序设计的基础知识,包括面向对象的基本概念以及 Visual FoxPro 支持的面向对象的编程技术,详细介绍了各类控件对象的选择与使用方法。在对诸如表单等各类控件对象的设计、操作上,面向对象的编程技术有自己的独特之处,但在所有对象的各种事件和方法的程序代码设计中,仍然使用到结构化的程序设计方法。本章的主要内容是面向对象程序设计的理论基础,其程序设计的基本目标是设计出能在可视化环境下运行的应用程序窗口界面——表单。

7.1　学习提要

1. 学习目标与要求

通过本章学习,读者应达到以下要求:

(1) 了解对象、类等基本概念。

(2) 理解对象的属性、方法和事件。

(3) 熟练掌握表单的基本设计、操作和应用。

(4) 掌握常用控件对象的设计与使用。

(5) 熟练掌握常用事件、方法的过程代码的设计方法。

(6) 了解自定义类的创建和使用方法。

2. 重点与难点

(1) 本章重点:对象与类以及属性、方法和事件等基本概念;表单的设计与应用;常用控件的属性、事件和方法的选择与运用。

(2) 本章难点:本章的重点即为本章的难点。

3. 主要知识点

1) 面向对象的概念

(1) 对象、类。

(2) 属性、方法、事件。

（3）Visual FoxPro 中的基类。

2）表单的创建与基本操作

（1）表单的创建。

使用"表单设计器"或"表单向导"创建表单。

（2）表单的修改、运行。

使用"表单设计器"编辑、修改表单。使用菜单或命令方式运行表单。

（3）表单的属性、事件和方法。

表单常用属性的设置，表单的常用事件、常用方法。

（4）设置表单的数据环境。

数据环境的概念，数据环境的设置。

3）表单常用控件

（1）表单常用控件的基本操作。

控件对象的选定，移动位置，改变大小，剪切、复制与粘贴，删除，布局设置。

（2）常用控件对象。

标签控件，命令按钮与命令按钮组控件，文本框与编辑框控件，选项组和复选框控件，列表框和组合框控件，容器与表格控件，页框控件，计时器与微调控件，图像控件等。

（3）控件对象的常用属性设置。

Caption 属性，Name 属性，Alignment 属性，ButtonCount 属性，BackColor 属性，BorderColor 属性，BorderStyle 属性，Enabled 属性，ForeColor 属性，InputMask 属性，PasswordChar 属性，Picture 属性，Height 属性，Width 属性，Left 属性，Top 属性，Value 属性，Visible 属性，FontName 属性，FontSize 属性，ControlSource 属性。

（4）控件对象的常用事件的使用。

Load 事件，Init 事件，Destroy 事件，Unload 事件，Error 事件，Click 事件，DblClick 事件，RightClick 事件。

（5）控件对象的常用方法的使用。

SetFocus 方法，Release 方法，Refresh 方法，Show 方法，Hide 方法。

4）类的建立

使用"类设计器"创建类。

7.2 习题

一、单项选择题

1. 以下关于 Visual FoxPro 类的说法，不正确的是（   ）。

    A. 类具有继承性

    B. 用户必须给基类定义属性，否则出错

    C. 子类一定具有父类的全部属性

    D. 用户可以按照已有的类派生出多个子类

2. 下列基类中是容器类的是（   ）。

    A. 表单   B. 命令按钮   C. 列表框   D. 单选按钮

3. 下列关于"类"的叙述中,错误的是(   )。

    A. 类是对象的集合,而对象是类的实例

    B. 一个类包含了相似对象的特征和行为方法

    C. 类并不实行任何行为操作,它仅仅表明该怎样做

    D. 类可以按其定义的属性、事件和方法进行实际的行为操作

4. 下列说法中错误的是(   )。

    A. 事件既可以由系统引发,也可以由用户激发

    B. 事件集合不能由用户创建,是唯一的

    C. 事件代码能在事件引发时执行,但不能像方法一样被显式调用

    D. 每个对象只能识别并处理属于自己的事件

5. 下面关于属性、方法和事件的叙述错误的是(   )。

    A. 属性用于描述对象的状态,方法用来表示对象的行为

    B. 基于同一类产生的两个对象可以分别设置自己的属性值

    C. 在新建一个表单时,可以添加新的属性、方法和事件

    D. 事件代码也可以像方法一样被显式调用

6. 下列关于基类的说法不正确的是(   )。

    A. Visual FoxPro 提供的类都是基类

    B. Visual FoxPro 基类被存放在指定的类库中

    C. Visual FoxPro 基类是系统本身提供的

    D. 可以基于类生成所需要的对象,也可以扩展基类创建自己的类

7. 下列叙述中错误的是(   )。

    A. Visual FoxPro 中基类的事件可以由用户创建

    B. Visual FoxPro 中基类的事件是由系统预先定义好的,不可由用户创建

    C. 事件是一种事先定义好的特定的动作,由用户或系统激活

    D. 鼠标的单击、双击、移动和键盘上的按键均可激活某个事件

8. 下列关于编写事件代码的叙述中,错误的是(   )。

    A. 可以由定义了该事件过程的类的子类继承

    B. 为对象的某个事件编写代码,就是将代码写入该对象的这个事件过程中

    C. 为对象的某个事件编写代码,就是编写一个与事件同名的.PRG 程序文件

    D. 为对象的某个事件编写代码,可以在该对象的属性对话框中选择该对象的事件,然后在出现的事件代码窗口中输入相应的事件代码

9. 下列关于属性、方法、事件的叙述中,错误的是(   )。

    A. 事件代码也可以像方法一样被显式调用

    B. 属性用于描述对象的状态,方法用于描述对象的行为

    C. 在一个对象中可以修改另一个对象的属性、方法和事件

    D. 基于同一个类产生的两个对象可以分别设置自己的属性值

10. 以下可以构成语句的一项是(   )。

    A. 对象名.属性名   B. 对象名.方法名

C. 对象名.过程名　　　　　　　　　　D. 对象名.函数名

11. 能被对象所识别的动作与对象可执行的活动分别称为对象的(　　)。

A. 方法、事件　　　B. 事件、方法　　　C. 事件、属性　　　D. 过程、方法

12. 对象拥有(　　)的全部属性。

A. 表　　　　　　B. 数据库　　　　　C. 类　　　　　　　D. 图形

13. 命令按钮组是(　　)。

A. 控件类对象　　　B. 容器类对象　　　C. 命令按钮　　　　D. 表单对象

14. 如果要为控件设置焦点,则控件的 Enabled 属性和(　　)属性必须为.T.。

A. Buttons　　　　B. Cancel　　　　　C. Default　　　　　D. Visible

15. Show 方法用来将(　　)。

A. 表单的 Enabled 属性设置为.F.　　　B. 表单的 Visible 属性设置为.F.

C. 表单的 Enabled 属性设置为.T.　　　D. 表单的 Visible 属性设置为.T.

16. 在 Visual FoxPro 中,如果一个控件的(　　)属性值为.F.将不能获得焦点。

A. Enabled 和 ControlSource　　　　　B. Enabled 和 Click

C. ControlSource 和 Click　　　　　　D. Enabled 或 Visible

17. 下列属于容器类的控件有(　　)。

A. 组合框、命令按钮　　　　　　　　　B. 表单、表格

C. 标签、页　　　　　　　　　　　　　D. 列表框、工具栏

18. 在表单 MyForm 的一个控件的事件或方法代码中,改变该表单的背景色为绿色的正确命令是(　　)。

A. MyForm. Parent. BackColor=Rgb(0,255,0)

B. Thisform. BackColor=Rgb(0,255,0)

C. Thisform. Parent. BackColor=Rgb(0,255,0)

D. This. BackColor=Rgb(0,255,0)

19. 表单的 Name 属性用于(　　)。

A. 作为保存表单时的文件名　　　　　　B. 引用表单对象

C. 显示在表单标题栏中　　　　　　　　D. 作为运行表单时的表单名

20. 在文本框中要显示当前数据表中的"姓名"字段,应设置(　　)。

A. Thisform. Text1. Value=姓名

B. Thisform. Text1. ControlSource=姓名

C. Thisform. Text1. Value="姓名"

D. Thisform. Text1. ControlSource="姓名"

21. 在表单常用事件中,按照触发时机的不同先后排列,顺序应是(　　)。

A. Init、Load、Destroy、Unload　　　　　B. Init、Load、Unload 、Destroy

C. Load、Init、Destroy、Unload　　　　　D. Load、Init、Unload 、Destroy

22. 下面对控件的描述不正确的是(　　)。

A. 可以同时选中一个表单上的多个控件

B. 可以在列表框中进行多重选择

C. 可以在一个选项组中选中多个选项按钮

D. 可以在一个表单内的一组复选框中选中多个

23. 表单向导可以创建(　　　)。

　　A. 单表表单　　　　B. 表　　　　　　C. 类　　　　　　D. 报表

24. 可用表单的(　　　)属性来设置表单的标题。

　　A. Style　　　　　　B. Text　　　　　C. Caption　　　　D. Name

25. 以下选项中,(　　　)是控件类。

　　A. Formset　　　　　B. CommandGroup　C. Form　　　　　D. Timer

26. 选择列表框或组合框中的选项,双击鼠标,此时触发(　　　)事件。

　　A. Click　　　　　　B. DblClick　　　　C. Init　　　　　D. KeyPress

27. 表单控件工具栏用于在表单中添加(　　　)。

　　A. 文本　　　　　　B. 命令　　　　　C. 控件　　　　　D. 复选框

28. 使用(　　　)工具栏可以在表单上对齐和调整控件的位置。

　　A. 调色板　　　　　B. 布局　　　　　C. 表单控件　　　D. 表单设计器

29. 将"复选框"控件的 Value 属性设置为(　　　)时,复选框显示为灰色。

　　A. 0　　　　　　　　B. 1　　　　　　　C. 2　　　　　　D. 3

30. 在表单控件工具栏可以创建一个(　　　)控件来保存多段文本。

　　A. 命令按钮　　　　B. 文本框　　　　　C. 列表框　　　　D. 编辑框

31. 以下关于文本框和编辑框的叙述中,错误的是(　　　)。

　　A. 在文本框和编辑框中都可以输入和编辑各种类型的数据

　　B. 在文本框中可以输入和编辑字符型、数值型、日期型和逻辑型数据

　　C. 在编辑框中只能输入和编辑字符型数据

　　D. 在编辑框中可以进行文本的选定、剪切、复制和粘贴等操作

32. 设计表单时,可以利用(　　　)向表单中添加控件。

　　A. 表单设计器工具栏　　　　　　　　B. 布局工具栏

　　C. 调色板工具栏　　　　　　　　　　D. 窗体控件工具栏

33. 在 Visual FoxPro 中,表单(form)是指(　　　)。

　　A. 数据库中各个表的清单　　　　　　B. 一个表中各个记录的清单

　　C. 数据库查询的列表　　　　　　　　D. 窗口界面

34. 如果需要重新绘制表单或控件,并刷新它的所有值,引发的是(　　　)。

　　A. Click 事件　　　B. Release 方法　　C. Refresh 方法　　D. Show 方法

35. 确定列表框内的某个条目是否被选定应使用的属性是(　　　)。

　　A. Value　　　　　　B. ColumnCount　　C. ListCount　　　D. Selected

36. 设计组合框时,通过设置(　　　)属性,可以用不同类型的数据源中的项填充组合框。

　　A. RowSource　　　　　　　　　　　　B. RowSourceType

　　C. Stype　　　　　　　　　　　　　　D. ColumnCount

37. 命令按钮组中有 3 个按钮 Command1、Command2、Command3,在执行代码

ThisForm. CommandGroup1. Value＝2 后,则( )。

    A. Command1 被选中   B. Command2 被选中

    C. Command3 被选中   D. Command1、Command2 被选中

38. 要想使在文本框中输入数据时屏幕上显示的是"＊"号,则该设置的属性是( )。

    A. Alignment   B. Enabled

    C. Maxlength   D. PasswordChar

39. 下面关于列表框和组合框的陈述中,正确的是( )。

    A. 列表框和组合框都可以设置成多重选择

    B. 列表框可以设置成多重选择,而组合框不能

    C. 组合框可以设置成多重选择,而列表框不能

    D. 列表框和组合框都不能设置成多重选择

40. 在表单中加入一个复选框和一个文本框,编写 Check1 的 Click 事件代码如下:
ThisForm. Text1. Visiable＝This. Value,则当单击复选框后,( )。

    A. 文本框可见

    B. 文本框不可见

    C. 文本框是否可见由复选框的当前值决定

    D. 文本框是否可见与复选框的当前值无关

41. 假定一个表单里有文本框 Text1 和命令按钮组 CommandGroup1,命令按钮组包含 Command1 和 Command2 两个命令按钮,如果要在 Command1 命令按钮的某个方法中访问文本框的 Value 属性值,下面正确的是( )。

    A. This. ThisForm. Text1. Value   B. This. Parent. Parent. Text1. Value

    C. Parent. Parent. Text1. Value   D. This. Parent. Text1. Value

42. 向页框中添加对象,应该( )。

    A. 用鼠标单击"控件",直接在表单中单击

    B. 用鼠标单击"控件",再右击

    C. 用鼠标单击"控件"

    D. 用鼠标右击页框,在弹出的快捷菜单中选择"编辑",再向页框中添加对象

43. 在 Visual FoxPro 中,运行表单 T1. SCX 的命令是( )。

    A. Do T1   B. Run Form T1   C. Do Form T1   D. Do T1. scx

44. 下列关于数据环境的说法中错误的是( )。

    A. 如果添加到数据环境中的表之间具有在数据库中设置的永久关系,这种关系也会自动添加到数据环境中

    B. 如果表之间没有永久关系,也不可以在数据环境设计器中为这些表设置关系

    C. 编辑关系主要通过设置关系的属性来完成,要设置关系属性,可以先单击表示关系的连线选定关系,然后在属性窗口中选择关系属性来设置

    D. 通常情况下,数据环境中的表或视图会随着表单的打开或运行而打开,并随着表单的关闭或释放而关闭

45. 在表单设计器环境下,打开"数据环境设计器"窗口的方法有很多,以下错误的是( )。

    A. 单击"表单设计器"工具栏上的"数据环境"按钮

    B. 选择"显示"菜单中的"数据环境"命令

    C. 在"表单设计器"的工作窗口中右击,在弹出的快捷菜单中选择"数据环境"命令

    D. 选择"文件"菜单中的"打开"命令,在弹出的对话框中选择"数据环境"单选项

46. 不可以作为文本框控件数据来源的是( )。

    A. 备注型字段   B. 内存变量   C. 字符型字段   D. 数值型字段

47. 在表单中加入两个命令按钮 Command1 和 Command2,编写 Command1 的 Click 事件的代码如下:This. Parent. Command2. Enabled=. F. ,则当单击 Command1 后,( )。

    A. Command1 命令按钮不能激活   B. Command2 命令按钮不能激活

    C. Command1 命令按钮不可见   D. Command2 命令按钮不可见

48. 在表单设计器环境中,要选定某选项组中的某个选项按钮,正确的操作是( )。

    A. 双击要选择的选项按钮

    B. 单击属性窗口对象下拉列表中的该选项按钮的对象名

    C. 右击选项组并选择"编辑"命令,再单击要选择的选项按钮

    D. 以上 B、C 都可以

49. 表单中可包含各种控件,其中组合框的默认 Name 属性是( )。

    A. Command1   B. Label1   C. Check1   D. Combo1

50. 要使某表单中的文本框 Text1 显示 zgqk. dbf 中姓名字段的值,应将该文本框的( )属性设置为 zgqk. xm。

    A. ControlSource   B. Source   C. RecordSource   D. RowSource

51. 关于编辑框,下列叙述不正确的是( )。

    A. 可以输入或编辑字符型数据   B. 可以输入多段文本

    C. 可以与备注型字段绑定   D. 可以与通用型字段绑定

52. 当单击表单的"首记录"按钮时,表单显示第一条记录内容,同时该按钮变为灰色不能使用的按钮,应在其 Click 事件代码中将( )属性的值赋值为. F. 。

    A. Visible   B. Enabled   C. Value   D. Caption

53. 给表单中的文本框 Text1 设置焦点的正确方法是( )。

    A. Thisform. Text1. Refresh   B. Thisform. Text1. Release

    C. Thisform. Text1. Setfocus   D. Thisform. Text1. Show

54. 下列关于创建类的叙述中,错误的是( )。

    A. 可以选择菜单命令,进入"类设计器"

    B. 类库文件的扩展名为. vcx

    C. 类库文件的扩展名为. prg

    D. 可以在命令窗口输入 Create Class 命令,进入"类设计器"

55. 在当前目录下有 m. prg 和 m. scx 两个文件,在执行命令 Do m 后,实际运行的文

件是(　　　)。

　　A. m. prg　　　　　B. m. scx　　　　　C. 随机运行　　　D. 都运行

二、填空题

1. 类是一组具有相同属性和相同操作的对象的集合,类中的每个对象都是这个类的一个_____。

2. Visual FoxPro 的基类有两种,即_____和_____。

3. Visual FoxPro 提供了一批_____,用户可以在它们的基础上定义自己的类和子类。

4. 类是对象的集合,它包含了相似的有关对象的特征和行为方法,而_____则是类的实例。

5. 在 Visual FoxPro 中,在创建对象时发生的事件是_____;从内存中释放对象时发生的事件是_____;用户使用鼠标双击对象时发生的事件是_____。

6. 在 Visual FoxPro 中释放和关闭表单的方法是_____。

7. 一组具有相同数据和相似操作的对象的集合称为_____。

8. Visual FoxPro 系统中用_____描述对象的状态,用_____描述对象的行为。

9. _____是预先定义好的特定动作,由用户或系统激活,在某个特定的时刻发生。

10. 在程序中为了显示已创建的 Myform 表单对象,应使用_____。

11. 在属性窗口中,有些属性的默认值在列表框中以斜体显示,其含义是_____。

12. 如果要把一个文本框对象的初值设置为当前日期,则在该文本框的 Init 事件中设置代码为_____。

13. 在 Visual FoxPro 中提供两种表单向导:创建基于一个表的表单时可选择_____;创建基于两个具有一对多关系的表单时可选择_____。

14. 表格是一种容器对象,一个表格对象由若干_____对象组成。

15. 若想让计时器开始工作,应将_____属性设置为真。

16. 文本框控件的 Value 属性的默认值是_____。

17. 表单的信息保存于表单文件和_____文件中,前者的扩展名为_____,后者的扩展名为_____。

18. 要为控件设置焦点,其属性_____和_____必须为. T.。

19. 数据环境是一个_____,它定义了表单或表单集使用的_____,以及表单所要求的表之间的_____,它可以包括_____、_____和_____。

20. 在表单中添加控件后,可以通过相应的_____为其设置常用属性,也可以通过属性窗口为其设置各种属性。

21. 在一个表单对象中添加两个按钮 Command1 和 Command2,单击每个按钮会作出不同的操作,必须为这两个按钮编写的事件过程名称分别是_____和_____。

22. 编辑框控件与文本框控件最大的区别是:在编辑框中可以输入或编辑_____文本,而在文本框中只能输入或编辑_____文本。

23. 要使标签显示指定的文字,应对其_____属性进行设置;要使指定的文字自动适应标签区域的大小,则应将其_____属性设置为逻辑真值。

24. 将控件与备注型字段绑定的方法是：在控件的 ControlSource 属性中指定_____。

25. This 是对_____的引用，Thisform 是对_____的引用，Parent 是对_____的引用。

26. 如果要同时选定多个控件，应先按住_____键，再单击各个要选定的控件。

27. 定义列表框或者组合框的列表项的来源，应设置_____和_____属性。

28. 如习题图 7-1 所示，用标签、文本框、命令按钮构成一个表单 Form1。表单运行之初，标签显示"当前系统日期："，文本框中也显示当前系统日期。在文本框中单击将显示当前系统日期；右击将显示当前系统时间，标签显示内容也同时随之而变；单击"清除"按钮，文本框中的结果将被清除；单击"退出"按钮，将退出表单的运行。

习题图 7-1

表单的 Init 事件代码是_____；
"清除"按钮的 Click 事件代码是_____；
"退出"按钮的 Click 事件代码是_____；
文本框的 Click 事件代码是_____，而_____的事件代码是_____。

三、设计题

1. 设计求阶乘的表单，如习题图 7-2 所示。

(1) 运行表单，两个文本框初值置 0。用户在 Text1 中输入一个整数，单击"计算"按钮，如果输入的是一个非正整数，显示消息对话框，提示用户"输入非法数据，退出程序运行。"，并关闭表单；如果输入的是一个正整数，求出此数的阶乘，并显示在 Text2 中。

(2) 单击"退出"按钮，关闭表单。

2. 设计一个如习题图 7-3 所示，可以选择不同字体进行显示的表单，要求在文本框中输入文字后，单击某个单选按钮，文本框内的文字即能以指定的字体显示。

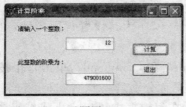

习题图 7-2

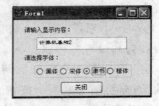

习题图 7-3

3. 设计如习题图 7-4 的 (a)、(b)所示的表单，用户分别在文本框中输入初值和终值，单击"计算"按钮可计算出初值和终值之间连续整数的和，结果显示于结果文本框中，如输入

12 和 15,可计算出 12＋13＋14＋15 的和。表单初始运行时结果文本框不可用,当单击"计算"按钮后,结果文本框成为可用文本框并显示计算结果;单击"清除"按钮,则将3 个文本框的内容全部清零,并将焦点置于初值文本框中,同时结果文本框重新设置为不可用。

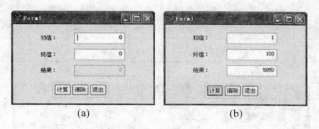

习题图 7-4

4. 设计如习题图 7-5 所示的表单,用户分别在文本框中输入两个操作数,在选项按钮组中选择一种四则运算,单击"等于"按钮,可以计算并显示出运算结果。

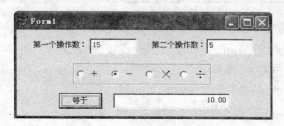

习题图 7-5

5. 设计如习题图 7-6 所示表单,可以逐条记录翻页查看教师情况表内容。

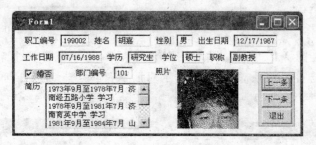

习题图 7-6

6. 设计如习题图 7-7 所示表单,用于对数据表 student. dbf 进行处理。表单中有一个表格、一个选项组、一个命令按钮组、两个文本框和一个命令按钮。要求在选项组中选择一门课程(如"英语")后,单击"平均分"按钮,则在其右侧的文本框中显示该课程的平均成绩;单击"优秀人数"按钮,则在右侧的文本框中显示成绩在 85 分以上的学生人数;单击"退出"按钮,则关闭表单。

student. dbf 的结构如下表所示:

字段名	类型	宽度	含义
xh	C	10	学号
xm	C	10	姓名
yw	N	10	语文
sx	N	5（小数位数 1）	数学
yy	N	5（小数位数 1）	英语

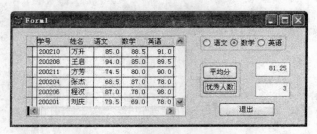

习题图 7-7

7. 根据第 6 题提供的 student. dbf 数据表设计"数据查询"表单，如习题图 7-8 所示。
程序功能为：在组合框中列出所有学生的学号，
从中选择一个学生学号，单击"查询"按钮，显示该
学生的相关字段信息。单击"退出"按钮，关闭
表单。

8. 设计如习题图 7-9 所示教师信息管理系统
的软件封面，该表单包含一个标签显示"教师信息
管理系统"和一个从左到右移动的标签字幕"欢迎
使用本系统"。

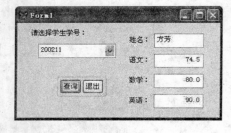

习题图 7-8

9. 设计如习题图 7-10 所示统计职工人数的表单，可以统计一个系或者多个系的职
工总人数，如果没选择任何系部，则显示提示对话框，提示"未选择任何系部，不能进行任
何人数统计。"。

习题图 7-9

习题图 7-10

10. 设计如习题图 7-11、习题图 7-12 所示的表单，可以在"科研情况"页面中的下拉
列表框中选择职工姓名，查询相应的科研成果信息；也可以在"添加科研记录"页面中输入
科研信息，单击"添加"按钮，将其作为一条新记录加入到 kyqk 表中去，添加记录之前用

提示对话框进行确认,单击"退出"按钮关闭表单。

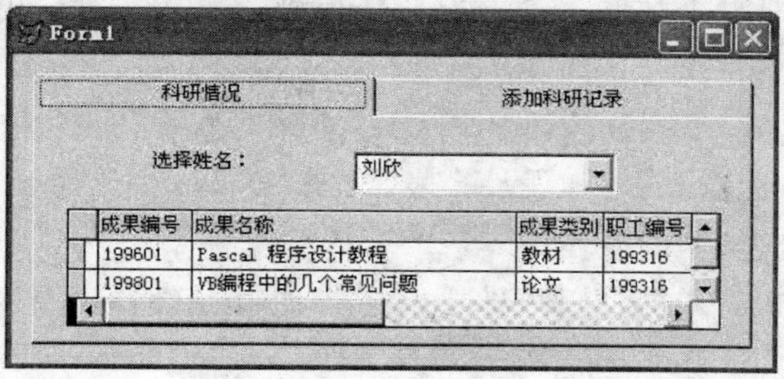

习题图 7-11

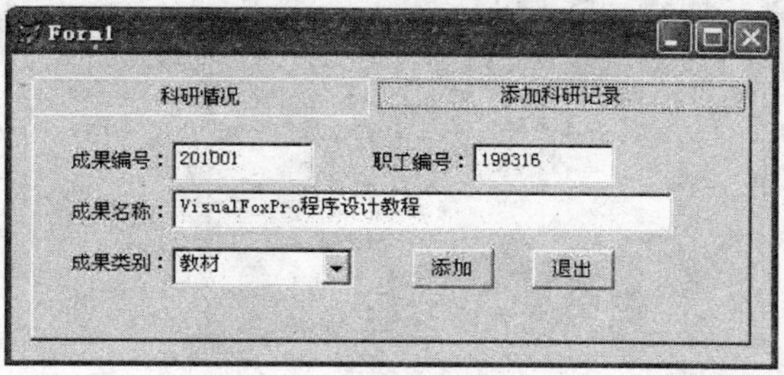

习题图 7-12

第8章 菜单、报表与标签设计

本章首先介绍菜单设计的知识,对下拉式菜单和快捷式菜单分别作了详细介绍;之后介绍了一种重要的数据输出形式——报表的设计,包括报表设计器的使用、报表控件的使用、报表的类型以及组成等;最后简单介绍了一种特殊的报表——标签。

8.1 学习提要

1. 学习目标与要求

通过本章学习,读者应达到以下要求:

(1)熟练掌握下拉式菜单的设计方法。

(2)掌握快捷菜单的设计方法。

(3)掌握报表和标签的设计与应用。

2. 重点与难点

(1)本章重点:菜单、报表的设计与使用。

(2)本章难点:无。

3. 主要知识点

1)菜单的设计

(1)设计与创建下拉式菜单。

使用"菜单设计器"创建、编辑、保存菜单,生成菜单程序,执行菜单程序。

（2）"快速菜单"的使用。

（3）设计与创建弹出式菜单。

2）报表的设计

（1）使用"报表向导"创建报表。

（2）使用"报表设计器"创建和设计报表。

（3）使用"快速报表"创建报表。

（4）设计报表的布局，使用报表控件：标签控件、域控件等。

（5）报表的输出：预览或者打印输出。

3）标签的设计

（1）使用"标签向导"创建标签。

（2）使用"标签设计器"创建标签。

（3）标签的输出。

8.2 习题

一、单项选择题

1. 下列说法中错误的是（　　　）。

   A. 如果指定菜单的名称为"文件（−F）"，那么字母 F 即为该菜单的热键

   B. 如果指定菜单的名称为"文件（\＜F）"，那么字母 F 即为该菜单的热键

   C. 要将菜单项分组，系统提供的分组手段是在两组之间插入一条水平的分组线，方法是在相应行的"菜单名称"列上输入"\−"两个字符

   D. 指定菜单项的名称，也称为标题，只是用于显示，并非内部名字

2. 在定义菜单时，若要设计菜单项的子菜单，应在结果中选择（　　　）。

   A. 填充名称　　　　B. 子菜单　　　　C. 命令　　　　D. 过程

3. 在定义菜单时，若要编写相应功能的一段程序，则在结果一项中选择（　　　）。

   A. 命令　　　　B. 填充名称　　　　C. 子菜单　　　　D. 过程

4. 在定义菜单时，若按文件名调用已有的程序，则在菜单项结果一项中选择（　　　）。

   A. 命令　　　　B. 填充名称　　　　C. 子菜单　　　　D. 过程

5. 下面的说法中错误的是（　　　）。

   A. 热键通常是一个字符

   B. 不管菜单是否激活，都可以通过快捷键选择相应的菜单选项

   C. 快捷键通常是一个字符

   D. 当菜单激活时，可以按菜单项的热键快速选择该菜单项

6. 设计报表不需要定义报表的（　　　）。

   A. 标题　　　　B. 细节　　　　C. 页标头　　　　D. 输出方式

7. 创建报表的命令是（　　　）。

   A. Create Report　　　　　　　　B. Modify Report

   C. Rename Report　　　　　　　　D. Delete Report

8. 报表的数据源可以是（　　）。

    A. 数据库表、自由表或视图　　　　　　　　B. 表、视图或查询

    C. 自由表或其他表　　　　　　　　　　　　D. 数据库表、自由表或查询

9. 报表设计器的默认 3 个带区分别是（　　）。

    A. 组标头、组注脚和细节　　　　　　　　　B. 页标头、页注脚和总结

    C. 组标头、组注脚和总结　　　　　　　　　D. 页标头、细节和页注脚

10. 报表标题的打印方式是（　　）。

    A. 每组打印一次　　　　　　　　　　　　　B. 每列打印一次

    C. 每个报表打印一次　　　　　　　　　　　D. 每页打印一次

11. 在创建快速报表时，基本带区不包括（　　）。

    A. 细节　　　　　　　B. 页标头　　　　　　C. 标题　　　　　　D. 页注脚

12. 报表控件没有（　　）。

    A. 标签　　　　　　　B. 线条　　　　　　　C. 矩形　　　　　　D. 命令按钮控件

13. 使用（　　）工具栏可以在报表或表单上对齐和调整控件的位置。

    A. 调色板　　　　　　B. 布局　　　　　　　C. 表单控件　　　　D. 表单设计器

14. 用于打印报表中的字段、变量和表达式的结果的控件是（　　）。

    A. 报表控件　　　　　B. 标签控件　　　　　C. 域控件　　　　　D. 列表框控件

15. 预览报表可以使用命令（　　）。

    A. Do　　　　　　　　　　　　　　　　　　B. Open Database

    C. Modify Report　　　　　　　　　　　　D. Report Form

16. 标签文件的扩展名是（　　）。

    A. .lbx　　　　　　　B. .lbt　　　　　　　C. .prg　　　　　　D. .frx

17. 标签实质上是一种（　　）。

    A. 一般报表　　　　　　　　　　　　　　　B. 比较小的报表

    C. 多列布局的特殊报表　　　　　　　　　　D. 单列布局的特殊报表

二、填空题

1. 在 Visual FoxPro 中创建一个菜单，可以在命令窗口中输入命令_____。

2. 将 Visual FoxPro 系统菜单设置为默认菜单的命令是_____。

3. 热键和快捷键的区别是使用_____时，菜单必须处在激活状态。

4. 菜单设计器窗口中的_____下拉列表框可用于上、下级菜单之间的切换。

5. 将设计好的菜单存盘时，将产生一个扩展名为_____的菜单文件和一个扩展名为_____的菜单备注文件。菜单文件不能够运行，只有根据菜单定义生成扩展名为_____的菜单程序文件菜单才能运行。

6. Visual FoxPro 主要使用_____与_____两种形式的菜单。

7. 所谓_____，是指用户处于某些特定区域时右击鼠标而弹出的一个菜单。要将弹出式菜单作为一个对象的快捷菜单，通常在对象的_____事件代码中添加调用该弹出式菜单程序的命令。

8. 在利用菜单设计器设计菜单时，当某菜单项对应的任务需要用多条命令来完成

时,应利用"结果"列中的_____选项来添加多条命令。

9. 在菜单设计器窗口中,要为某个菜单项定义快捷键,可利用_____对话框。

10. 标签的扩展名为_____。

11. 报表文件的扩展名是_____。

12. 报表一般由_____和_____两个基本部分组成。

13. 设计报表可以直接使用命令_____启动报表设计器。

14. 创建分组报表需要按_____进行索引或排序,否则不能确保正确分组。如果已经对报表进行了数据分组,则此报表会自动包含_____和_____带区。

15. 报表中包含若干个带区,其中_____和_____带区的内容,将在报表的每一页上打印一次。

16. 报表标题要通过_____控件定义。

17. 多栏报表的栏目数可以通过"页面设置"对话框中的_____来设置。

18. 报表可以在打印机上输出,也可以通过_____浏览。

19. 预览标签可以使用命令_____。

三、设计题

1. 创建如习题图 8-1 所示菜单,各菜单项功能如下:

"文件"菜单的"打开"子菜单和 Visual FoxPro 系统对应的菜单项功能完全一致。

"文件"菜单的"关闭"子菜单可以关闭掉当前打开的数据表。

"浏览"菜单可以浏览当前表所有记录。

"退出"菜单能够退出当前的菜单系统,返回 Visual FoxPro 系统菜单。

2. 给上一题设计快捷菜单。设计一个空白表单,右击鼠标弹出的快捷菜单如习题图 8-2 所示。其各菜单项功能与上一题一致。

习题图 8-1

习题图 8-2

3. 创建如下菜单。

菜单中有两个菜单项:"计算"和"退出"。

程序运行时,单击"计算"菜单应完成下列操作:打开 rsgl 数据库中的 gz 表,给每个人增加基础工资(jcgz),计算方法是根据 zgqk 表中的职工相应职称的增加百分比来计算:教授增加 15%,副教授增加 10%,讲师和工程师增加 8%,助教增加 5%。

单击"退出"菜单项,程序终止运行。

4. 利用 zgqk.dbf 和 gz.dbf,用一对多报表向导建立如习题图 8-3 所示的职工工资报表。报表中显示职工姓名、职工编号和职工各项工资的值,同时计算每位职工各项工资的总和并在报表中输出。并将标题修改成如习题图 8-3 所示。

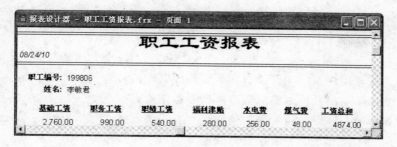

习题图 8-3

5. 利用 zgqk.dbf 和 bm.dbf,使用报表设计器设计如习题图 8-4 所示的分组报表。

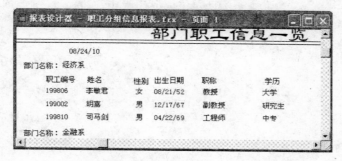

习题图 8-4

第 9 章 应用系统开发简介

9.1 学习提要

1. 学习目标与要求

通过本章学习,读者应达到以下要求:

(1) 了解数据库信息管理系统的开发设计的基本步骤和总体规划。

(2) 通过一个简单的"人事信息管理系统"的开发设计,熟悉使用 Visual FoxPro 系统开发数据库应用系统的过程和步骤。

(3) 了解项目文件的建立与构成,熟悉项目管理器的使用。

(4) 了解、熟悉项目的连编,生成应用程序文件的方法、步骤。

2. 重点与难点

(1) 本章重点:数据库管理系统的总体规划和主要功能模块设计;项目的组编与连编。

(2) 本章难点:总体规划与功能模块设计。

3. 主要知识点

(1) 数据库应用系统开发的基本步骤,总体规划设计。

(2) 应用系统主要模块的设计、组装和项目的连编。

9.2 习题

简答题

1. 一个数据库应用系统的开发过程通常需要几个阶段？

2. 一个数据库应用系统通常应包含哪些基本组成部分？

3. 应用程序的总体设计通常采用何种设计方法？有什么优点？

4. 应用系统主控程序的主要功能有哪些？

5. 在 Visual FoxPro 中什么是项目？项目管理器有哪些主要功能？在项目管理器中新建或添加的文件与项目文件之间是何种关系？

6. 怎样使用 Visual FoxPro 系统连编生成应用程序？

下篇 习题参考答案

第 1 章习题参考答案

一、单项选择题

1. 因为在字段中可以保存多个不同的数据,因此是变量,所以选 B。

2. 在字符串中若包含了某种字符定界符,那么最外层的字符定界符必须与字符串中的定界符不同,因此应选 C。

3. 因为"?"号后面是一个逻辑表达式,且其值为逻辑真值,所以显示结果选 A。

4. 因为逻辑型常量要使用逻辑定界符,因此应选 C。

5. 因为合法变量名的首字符必须是字母、下划线或者汉字符,并且在变量名中不允许包含空格,所以选 C。

6. D	7. C	8. D	9. D	10. A	11. C	12. D
13. D	14. C	15. A	16. D	17. D	18. C	19. D
20. B	21. C	22. A	23. C	24. B	25. A	26. D
27. C	28. B	29. D	30. B	31. A	32. B	33. D
34. C	35. C	36. D	37. D	38. D	39. B	40. D
41. C	42. A	43. D	44. B	45. D	46. C	47. D
48. C	49. C	50. D	51. B	52. A	53. C	54. D
55. A	56. B	57. D	58. D	59. D	60. D	61. D
62. D	63. A	64. C	65. B	66. C	67. A	68. D
69. C	70. A	71. C	72. A	73. D	74. C	75. C
76. B	77. B	78. D	79. B	80. D	81. A	82. A
83. B	84. B	85. D	86. A	87. B	88. B	89. D
90. D	91. B	92. D	93. D	94. B	95. B	96. A
97. C	98. A	99. C	100. D	101. C	102. B	103. D
104. D	105. C	106. D	107. D	108. D	109. D	110. C
111. C						

二、填空题

1. Visual FoxPro 系统默认的内存变量文件的扩展名为.mem;将保存在内存变量文

件中的内存变量读入内存的命令是 Restore,所以应该填：①. mem,②Restore From MM。

　　2. 因为数组变量定义后的初始值为逻辑假值,所以填：①逻辑型,②. F. 。

　　3. 当 Exact 处于 Off 状态时,字符串的相等比较是以右边字符串的长度为标准,只要右边字符串与左边字符串前面的部分内容相匹配,就可以得到逻辑真的结果,因此填：. T. 。

　　4. 在 Visual FoxPro 中,设置系统默认磁盘的命令为 Set Default To,因此填：

Set Default To A:

　　5. Val()函数将内存变量 XYZ 中的数字字符串"170"转换成数值 170 后,Mod()函数将该值与−28 进行取余运算;而符号"％"是取余运算符,因此填：①−26.00,②2。

　　6. Set Century On

　　7. ① N　② C　③ N　④ C　⑤ 5　⑥ 123.458　⑦ 247　⑧ 32　⑧ −246.92

　　8. ① Substr　② Right　③ Left　④ !

　　9. 208520.45

　　10. . F.

　　11. 0

　　12. M. 或者 M−＞

　　13. 145.3

　　14. 6.79

　　15. t＝Ctod(m＋"/"＋D＋"/"＋y)

　　16. 个人电子计算机

　　17. XY3

　　18. 679

　　19. ① 101.00　② Z＝X^2　③ 100.00

　　20. ① 标题栏　② 菜单栏　③ 工具栏　④ 工作区　⑤ 状态栏　⑥ 命令窗口

　　21. ① 菜单方式　② 命令方式

　　22. ① 向导　② 设计器　③ 生成器

　　23. ① 隐藏　② 关闭　③ 命令窗口　④ 关闭

　　24. 文件位置

　　25. ① 10 亿　② 255　③ 255

　　26. ① 128　② 10　③ 254　④ 20

　　27. ① 64K　② 8192

三、判断题

1. T	2. F	3. T	4. F	5. T	6. F	7. F
8. T	9. T	10. F	11. F	12. F	13. T	14. F
15. F	16. T	17. F	18. F	19. F	20. F	21. F
22. T	23. F	24. F				

四、简答题

1. Visual FoxPro 6.0 支持的数据类型共有 13 种：(1)字符型(C)，(2)数值型(N)，(3)货币型(Y)，(4)日期型(D)，(5)日期时间型(T)，(6)逻辑型(L)，(7)备注型(M)，(8)通用型(G)，(9)浮点型(F)，(10)双精度型(B)，(11)整型(I)，(12)二进制字符型(C)，(13)二进制备注型(M)。

2. 常量指的是在程序运行或操作过程中其值始终保持不变的数据，而变量中存储的数据(称为变量值)在程序运行或操作过程中可以改变。

在 Visual FoxPro 中，变量分为两大类：字段变量和内存变量。

字段变量依赖于数据表文件而存在。当定义了一个数据表文件的结构后，该数据表的每一个字段名就代表着一个字段变量。字段变量是一种永久性的多值变量。其永久性指的是它依附于数据表而存在，不能随意地删除和改变其数据类型，退出 Visual FoxPro 系统或关闭计算机也不会被破坏。其多值性指的是在一个字段变量中取值的个数取决于数据表中的记录个数，有多少个记录，就有多少个字段变量值。字段变量支持的数据类型有 13 种。

内存变量是由 Visual FoxPro 系统管理的计算机内存储器中的一部分存储区域。内存变量值就是保存在这个存储区域里的具体数据。每个内存变量每次只能存储一个数据。内存变量的数据类型取决于其保存的具体数据的类型。

3. 内存变量根据其存储单元分配方式的不同，可以分为 3 种。

① 简单变量：简单变量的每个名字对应一个存储单元。简单变量在使用之前不需要声明或定义。

② 数组变量：数组变量是内存储器中由若干个存储单元构成的一片连续的存储区域。这片存储区域共用一个变量名。每个存储单元相当于一个简单变量，称为数组元素，用数组名加下标表示。各数据元素既可以统一赋予相同的值，也可以分别赋予不同的值，并且数据类型也可以各不相同。数组变量在使用之前必须先通过声明进行创建，以定义数组名称、数组大小和维数。

③ 系统变量：系统变量是由 Visual FoxPro 系统在启动时自己定义的一些内存变量。系统变量名均以下划线"_"为首字符，其中保存着与系统运行环境有关的一些参数。

4. 可用于常量和内存变量的数据类型有 6 种，它们是：字符型(C)、数值型(N)、货币型(Y)、日期型(D)、日期时间型(T)、逻辑型(L)。

5. 内存变量名可以使用字母、数字、下划线等 ASCII 码字符和汉字符，但首字符不能是数字，长度≤128 个 ASCII 码字符。要注意避免使用 Visual FoxPro 系统的保留字、表达式等做变量名。若为数组变量，还须在变量名后的圆括号中用数字表示数组元素的下标。

简单变量在使用变量赋值命令的时候自动建立。数组变量则需要在使用之前用数组声明命令创建。

要长久地保存内存变量，可以使用内存保存命令：

Save To＜文件名＞[All Like＜通配符＞|All Except＜通配符＞]

将当前内存中的全部或部分变量保存到指定文件名、扩展名为 . mem 的内存变量文件中。

6. 数组变量的最小下标等于 1。数组变量的初值为逻辑假值：. F. 。

7. 为了区分与字段变量同名的内存变量，在使用内存变量时，必须在内存变量名的前面加上前缀符号"M."或"M->"。

8. 内存变量的数据类型取决于其保存的具体数据的类型。若已建立的内存变量中保存的数据的类型变了，内存变量的数据类型也随之而变化。

9. 表达式是用运算符、圆括号将常量、变量、函数等按一定规则连接起来构成的有意义的式子。

Visual FoxPro 提供了 5 类运算符：算术运算符、字符串运算符、日期时间运算符、关系运算符和逻辑运算符。可以构成 5 种表达式，它们是：数值表达式、字符串表达式、日期时间表达式、关系表达式、逻辑表达式。

10. 表达式的值有 5 种数据类型：①数值型，可用数值表达式和日期时间表达式得到；②字符型，可用字符串表达式得到；③日期型，可用日期表达式得到；④日期时间型，可用日期时间表达式得到；⑤逻辑型，可用关系表达式或逻辑表达式得到。

11. 逻辑型。运算优先级为：数值表达式→字符串和日期时间表达式→关系表达式→逻辑表达式。优先级相同的运算按自左向右的顺序进行，可以使用圆括号改变运算优先级。

12. 各种数据类型构成的关系表达式进行比较的运算规则是：

(1) 数值型和货币型数据按数值的大小进行比较。

(2) 日期或日期时间型数据按其早晚顺序进行比较。早的日期时间小，晚的日期时间大。

(3) 逻辑型数据的比较为逻辑真值大于逻辑假值，即. T. >. F. 。

(4) 子字符串包含测试运算是检测运算符左边的字符表达式的值是否包含在右边的值中。若左边字符串是右边字符串中的子字符串，则结果为逻辑真值，否则为逻辑假值。

(5) 字符型数据的比较，是对两个字符串的字符从左至右逐个对应比较，遇到第一对不同的字符时，就根据系统设置的字符排序顺序，确定这两个字符之间的大小关系，从而决定两个字符串的大小。

13. 函数是 Visual FoxPro 系统提供的能够实现某种运算功能，或者完成某项操作的一小段程序。函数的一般格式为：

函数名([<参数 1>[,<参数 2>][,…]])

14. 根据函数的功能，Visual FoxPro 系统提供的常用函数一般可以分为数值运算函数、字符串操作函数、日期时间函数、数据类型转换函数和测试函数五大类。

15. (1) N　(2) C　(3) D　(4) C　(5) D　(6) N　(7) C　(8) T　(9) T
　　(10) Y　(11) N　(12) N　(13) L　(14) L　(15) L　(16) C　(17) N

16. (1) . F.　(2) . T.　(3) . T.　(4) . T.　(5) . F.　(6) . T.　(7) . T.　(8) . T.

17. (1) 今天是：20xx 年 xx 月 xx 日

(2) 山东 财政学院 计算机系 山东 财政学院计算机系

山东财政学院计算机系 山东财政学院 计算机系 5

(3) 2040

2111

115

1750.50 —257.50 —245.50

18.（略。详细内容请参考《Visual FoxPro 数据库管理系统教程》1.1.1 小节中的表 1-1。）

19. Visual FoxPro 系统提供了两类共 3 种工作方式。交互式工作方式分为菜单操作和命令操作两种方式。程序工作方式则是一种自动工作方式。

（启动与退出方法略。详见《Visual FoxPro 数据库管理系统教程》1.1.2 小节）

20. 单击"工具"下拉菜单中的"选项"命令项,打开"选项"对话框,即可进行 Visual FoxPro 系统运行环境参数的设置。

在关闭"选项"对话框时若只单击"确定"按钮,则系统运行环境参数所做的修改仅保存在系统内存中,为临时设置。

若首先单击"设置为默认值"按钮,再单击"确定"按钮退出"选项"对话框,系统运行环境参数所做的修改被保存到 Windows 操作系统的注册表中,则为永久设置。

21.（略。详细内容请参考《Visual FoxPro 数据库管理系统教程》1.1.6 小节。）

第 2 章习题参考答案

一、单项选择题

1. 因为数据库系统的一个重要特点是实现了数据的共享,所以选 C。

2. 数据库系统不仅实现了数据的独立性,而且大大地减少了数据的冗余,因此选 C。

3. 数据库系统的主要特点包括实现了数据的结构化和数据的共享性,大大减少了数据的冗余度,但与程序互相独立,因此应选 D。

4. 数据库系统(DBS)是引入了数据库技术的计算机系统,其中包括数据库管理系统(DBMS)和用数据库管理系统建立、管理、控制和维护的数据库(DB),因此应选 A。

5. 因为在数据库中存储的大量数据是按照一定的数据模型组织起来,与应用程序彼此独立,能为多个用户所共享,结构化的数据,因此选 B。

6. B	7. D	8. B	9. C	10. A	11. B	12. A
13. A	14. A	15. B	16. D	17. C	18. C	19. C
20. B	21. B	22. C	23. B	24. A	25. C	26. B
27. D	28. A	29. B	30. C	31. B	32. D	33. C
34. A	35. D	36. D	37. B	38. B	39. B	40. D
41. B	42. B	43. B	44. C	45. D	46. B	47. B
48. B	49. A	50. C	51. C	52. A	53. A	

二、填空题

1. 因为计算机数据管理技术的发展经历了 3 个阶段,因此填:①人工管理,②文件管理,③数据库系统管理。

2. 数据模型中,实体与实体之间的联系有 3 类,它们是:①一对一,②一对多,③多对多。

3. 因为在关系中,水平方向上的一行称为元组(记录),垂直方向上的一列称为属性(字段),因此填:①元组,②属性。

4. 在关系中能够唯一、最小地表示一个元组的属性或属性的集合称为候选关键字。在候选关键字中选定一个当前起作用的,称为主关键字,因此填:候选关键字。

5. 若表中的某个属性(或属性集合)在另外一个表中是主关键字,则称该属性(或属性集合)为本表的外部关键字,因此填:外部关键字。

6. 因为数据模型通常由数据结构、数据操作和数据的完整性约束条件 3 个部分组成,因此填:①数据结构,②数据操作,③数据的完整性约束条件。

7. ① 层次模型 ② 网状模型 ③ 关系模型

8. ① 投影 ② 选择 ③ 连接

9. ① 实体完整性 ② 参照完整性 ③ 用户自定义完整性(又称域完整性)

10. 实体完整性

11. ① 信息的载体 ② 记录信息 ③ 依靠数据 ④ 数据具体含义

12. ① 数据库管理 ② 面向对象

13. 事物之间的联系

14. ① 插入 ② 修改 ③ 删除 ④ 查询

15. ① 字段值 ② 表

16. 关系模型

17. ① 属性 ② 元组

18. 投影

19. 关键字

20. ① 选择 ② 投影 ③ 连接

21. 关系

三、简答题

1. 数据(data)指的是人们用于表达、描述、记录客观世界事物与现象属性的某种物理符号。信息(information)是客观世界事物与现象属性的反映,是经过加工处理,并对人类的客观行为产生影响的具有知识性的有用数据。

数据处理的含义是为了产生信息而对原始数据进行的加工处理,通常包括数据的采集、接收、传递、转换、存储、整理、分类、排序、索引、统计、计算、检索等一系列的活动过程。数据处理的目的是从大量的原始数据中获得人们所需的有用数据,为作出正确的决策提供依据。而数据处理的核心是数据管理。

2. 计算机数据管理技术的发展经历了人工管理、文件管理、数据库系统管理等几个阶段。

　　在人工管理阶段没有存储设备，也没有专门管理数据的软件系统，只能由人工实施数据管理。程序设计人员不仅需要设计数据的逻辑结构，还要设计数据的物理结构，包括确定数据在计算机中的存储结构、存取方法和输入输出方式等，工作负担极重。数据不能共享，不能保存，也未结构化，独立性差，存在着大量的冗余数据。

　　在文件管理阶段，数据管理由专门的软件（文件管理系统）进行管理。文件管理系统将数据组织成相互独立的数据文件，数据的结构、存取方法等均由文件管理系统负责，程序设计人员的负担大大减轻。数据以文件的形式组织起来，有了一定的独立性，可以长期保存。但数据的共享性和数据的结构化仍然较差。

　　在数据库系统管理阶段，管理方式为面向整个系统，用整体的观点对数据进行统一规划、组织和管理，形成一个数据管理中心，构建一个保存所有数据的数据库。数据库中的数据由专门的系统软件——数据库管理系统进行管理，并能满足所有用户的各种不同要求，供不同的用户共享。在数据库系统中，应用程序不再与一个孤立的数据文件相对应，而是通过数据库管理系统从数据库中取用自己所需的数据。

　　3. 数据库（database），指的是以一定的组织方式存储在计算机存储设备上，与应用程序彼此独立、能为多个用户所共享、结构化的相关数据的集合。它是数据库系统的核心和管理对象。在数据库中，数据按照一定的数据模型组织、描述和存储，具有较小的数据冗余度、较高的数据独立性、完整性和一致性，可为多个用户所共享。

　　数据库管理系统（database management system，DBMS）是为了数据库的建立、管理、使用和维护而配置的软件系统。它在操作系统的基础上，实现对数据库的统一管理和控制。DBMS 既要向不同用户提供各自所需的数据，还要承担数据库的维护、管理工作，保证数据库的安全性和完整性。数据库管理系统的主要功能包括数据定义功能、数据操纵功能、数据库的运行管理控制功能、数据库的建立和维护功能。

　　数据库系统（database system，DBS）指的是引入数据库技术后的整个计算机系统，一般由计算机硬件系统、软件系统、数据集合和用户 4 个部分组成。在软件系统中包括操作系统、数据库管理系统以及用数据库管理系统和程序设计语言开发的数据库应用系统。在用户中包括数据库管理员、专业的应用系统开发人员和数据库最终用户。

　　数据库系统是引入数据库技术后的整个计算机系统，其中包括了数据库管理系统和作为数据库应用系统组成部分的数据库。数据库管理系统是在操作系统和程序设计语言的支持下，用于开发数据库应用系统的一类系统软件。

　　4. 现实世界中客观存在并可互相区分的事物称为"实体"。实体可以是实际的事物，也可以是抽象的事件、行为。实体既可以指事物本身，也可以指事物与事物之间的联系。

　　实体所具有的特性称为"属性"。一个实体可以用若干个属性来描述并和其他的实体相区别。性质相同的同类型实体的集合称为"实体集"。实体和属性都有"型"和"值"之分。所谓"型"指的是对某一类数据的结构和属性的说明，而"值"指的是在"型"约束下的一个具体数据。实体之间可以构成一对一、一对多和多对多的联系。

　　5. 经过抽象得到的，概念化的对事物特性以及事物之间相互联系的表达与描述的集合称为数据模型。数据模型确定了数据库中数据的组织结构框架，表示出了数据之间的联系。数据模型通常由数据结构、数据操作和数据的完整性约束条件3个部分组成。主要的数据模型有层次模型、网状模型和关系模型。

层次模型的特点是：(1)有且只有一个结点没有双亲,该结点称为根结点；(2)除根以外的其他结点有且仅有一个双亲。

网状模型的特点是：(1)允许一个以上的结点无双亲；(2)一个结点可以有一个以上的双亲。

关系模型用二维表格结构来描述实体和实体之间的联系。其特点是：数据结构简单,模型概念清楚,格式描述统一,能直接反映实体之间一对一、一对多和多对多的联系,操作对象和结果均为二维表结构,易学习,易理解,符合使用习惯。

6. 一个关系(relation)对应一张二维表,每个关系有一个关系名。

二维表中的一列即为一个属性(attribute)。每个属性有一个名字,称为属性名。

在二维表中,水平方向的行称为元组(tuple)。每一行对应一个元组,由若干个属性值组成。

域(domain)是属性的取值范围。

候选关键字(candidate key)是可以作为关键字的所有属性或属性的集合。

主关键字(primary key)是在候选关键字中指定的一个现行关键字。

外部关键字(foreign key)：若表中的某个属性(或属性集合)在另外一个表中是主关键字或候选关键字,则称该属性(或属性集合)为本表的外部关键字。

对关系的描述称为关系模式,一个关系模式对应一个关系的结构。关系模式的格式为：

关系名 (属性名 1,属性名 2,…,属性名 n)

在 Visual FoxPro 中关系模式表示为表的结构：

表名 (字段名 1,字段名 2,…,字段名 n)

它们之间的联系是：关系模式是属性名的集合；元组是属性值的集合；关系是元组的集合。

7. 在 Visual FoxPro 中"关系"称为表,"属性"称为字段,"元组"称为"记录","候选关键字"称为"候选索引","主关键字"称为"主索引"。

8. 关系具有以下性质：

(1) 关系可以为空关系。即一个关系中可以没有任何元组。

(2) 属性和元组是一个关系中不可分割的最小数据单元,不允许行中有行,列中有列。

(3) 在同一个关系中,属性(字段)的名称不能有相同的。

(4) 在同一个关系中,元组(记录)不能有完全相同的。

(5) 在同一个关系中,属性、元组的顺序可以任意排列。

(6) 不同的属性可以在同一个域中取值,但同一个属性中的所有取值只能来自同一个域,即必须是相同类型的数据。

9. 关系的完整性指的是对关系的某种约束条件。它确定了具有联系的关系中的数据之间必须遵循的制约和依存关系,以保证数据的正确性、有效性和相容性。关系的完整性主要包括实体完整性、参照完整性和域完整性 3 种。

10. 传统的集合运算主要包括并、差、交等,属于二目运算。集合运算要求参与运算的两个关系必须具有相同的关系模式,即它们的结构(属性)相同,并且属性的域(取值范围)也相同。

专门的关系运算主要有选择、投影和连接。

等值连接是将两个关系中指定属性值相等的元组组合起来构成新关系的连接运算。

自然连接是自动去掉重复属性的等值连接。

11. 数据库结构设计的基本原则是:概念单一化;避免表之间的重复字段;表中保存原始数据;合理选用主关键字。

数据库结构设计的基本步骤为:①确定数据库中所需要的表;②确定表中的字段;③确定主关键字段;④确定表间联系。

四、综合设计题

1. 图书信息管理系统的关系模型:

读者(＊借书证号,姓名,性别,出生日期,专业,班级,联系电话,身份证号)

图书(＊书号,书名,第一作者,出版社,出版日期,价格,馆藏数)

借阅(＊书号♯,＊借书证号♯,＊借阅日期,归还日期)

提示:＊表示主关键字,♯表示外部关键字。读者与图书是构成多对多联系的两个实体。通过借阅关系,实现了读者与借阅、图书与借阅之间的一对多联系。借阅关系中的书号、借书证号和借阅日期构成复合主关键字,书号和借书证号同时也是外部关键字。

2. 学生教学信息管理系统的关系模型:

学生(＊学号,姓名,性别,出生日期,民族,籍贯,专业号♯,简历,照片)

学院(＊学院号,学院名称,院长姓名)

专业(＊专业号,专业名称,专业类别,学院号♯)

课程(＊课程号,课程名称,学分,学院号♯)

成绩(＊学号♯,＊课程号♯,成绩)

提示:学生、学院、专业、课程 4 个实体。每个学生主修一个专业;每个学院可开设若干个专业、若干门课程。学生与专业为多对一联系,学院与专业、课程均为一对多联系。学生与课程为多对多联系,通过成绩关系分解为两个一对多的联系。在构成一对多联系的关系中均增加一个外部关键字。

3. 银行储蓄信息管理系统的关系模型:

储户(＊账号,户名,性别,身份证号,住址,联系电话,储种编号♯)

密码(＊账号,密码)

储种类别(＊储种编号,储蓄类别,年利率)

存取业务(＊日期时间,存或取,金额,余额,营业员编号♯,账号♯)

营业员(＊营业员编号,姓名,性别,出生日期,职务)

提示:储户指的是一个账号。一个人可以开设多个账号,因此身份证号码不能作为候选关键字。密码虽然是储户的一个属性,但为保证安全起见,储户的密码要单独保存,其与储户是一对一的联系。

4. 足球联赛信息管理系统的关系模型：

球队（＊球队编号，球队名称，地址，电话，法人代表，主教练）

比赛（主队编号，客队编号，比赛日期，球场，主裁判，比分）。

第 3 章习题参考答案

一、单项选择题

1. 表单、报表和标签均属于文档文件，因此应选 D。

2. 数据库中可以容纳一个或多个表，因此应选 C。

3. 创建数据库文件的命令为 Create Database，因此应选 D。

4. 关闭数据库设计器并不能关闭数据库文件，因此应选 B。

5. 数据库文件中保存的是数据表、视图等对象而非数据，因此应选 B。

6. A	7. C	8. A	9. B	10. D	11. D	12. D
13. C	14. C	15. C	16. C	17. A	18. C	19. C
20. B	21. A	22. C	23. B	24. B	25. D	26. B
27. B	28. A	29. B	30. D	31. C	32. B	33. B
34. A	35. B	36. C	37. D	38. D	39. C	40. A
41. D	42. C	43. C	44. D	45. C	46. A	47. C
48. B	49. C	50. B	51. D	52. C	53. C	54. A
55. C	56. C	57. D	58. C	59. C	60. D	61. A
62. B	63. C	64. B	65. D	66. D	67. C	68. B
69. A	70. C	71. B	72. C	73. A	74. B	75. C

二、填空题

1. Visual FoxPro 系统支持两种表，属于某个数据库的数据库表和不属于任何数据库的自由表，因此应填：①数据库表，②自由表。

2. 一个数据库表只能从属于一个数据库，因此应填：其他数据库。

3. List Next 命令是从当前记录开始向后显示若干个记录数据，因此应填：显示 8～12 号记录内容。

4. 输入通用型字段的数据也可以使用"插入对象"菜单命令，因此应填：插入对象。

5. 只对一个字段的所有数据进行删除操作，可以使用替换命令，因此应填：Replace。

6. 以"独占"方式打开数据表

7. ① .F.　② .T.　③ 1

8. ① 将指针定位于满足条件的第一条记录上　② 逻辑

9. ① Delete All For Substr(分类号,1,1)="J" 或 Delete All For Left(分类号,1)="J"
　　② Delete All For Year(出版日期)<1960　③ Pack

10. .cdx

11. ① 主索引　② 候选索引　③ 普通索引　④ 主索引

12. ① 主索引或候选索引　② 普通索引

13. ① 永久关系　② 关联

14. 临时

15. ① 更新　② 插入　③ 删除

16. ① 父表　② 子表

17. 实体

18. 逻辑型

19. 将索引标识为 bh 的索引设置为主控索引

20. Go Top

21. 先显示女生记录,再显示男生记录

22. 别名->字段名 或者 别名.字段名

23. bjbh+Str(cj,3)+Dtoc(csrq)

24. ① 254　② 20　③ 8　④ 1　⑤ 4

25. List For 职称="教授"Or 职称="副教授"或者 List For"教授"$职称

26. Use gz Index gz1,gz2

27. Average Year(Date())-Year(csrq)␣For xw="博士" To age

28. Count For xb="女" And zc="教授"

29. Copy To zh_108 For bmbh="108"

30. ① 1　.F.　.F.

　　② 1　.T.　.F.

　　③ 3　.F.　.F.

　　④ 7　.F.　.T.

　　⑤ 7　.F.　.F

　　⑥ 7　.F.　.F

　　⑦ 8　.F.　.T

　　⑧ 5　.F.　.F

　　⑨ 6　.F.　.F

　　⑩ 8　.F.　.T.

三、判断题

1. 当前正在使用(打开)的数据表不能被删除,因此应为 T。

2. 表的结构可以修改,尽管可能造成数据的丢失,因此应为 F。

3. 处于打开状态的文件不能被删除,因此应为 T。

4. 构成索引表达式的各字段的值要求为同一种数据类型,因此不能简单地将各字段相加组成索引表达式,应为 F。

5. 记录的长度取决于表的结构,因此同一个表文件中的所有记录长度相同,应为 T。

6. F　　7. F　　8. T　　9. T　　10. F　　11. F　　12. F

13. F　　14. F　　15. F　　16. T　　17. F　　18. T　　19. F

20. F	21. T	22. F	23. T	24. F	25. T	26. F
27. F	28. F	29. F	30. F	31. F	32. F	33. T
34. T	35. F	36. F	37. T	38. F	39. F	40. T

第 4 章习题参考答案

一、单项选择题

1. 打开查询文件的命令为 Modify Query,因此应选 B。

2. 因查询语句保存在查询文件中,所以应选 D。

3. Visual FoxPro 提供了 4 种查询去向:浏览、临时表、表和屏幕,默认的查询去向为"浏览"窗口。要直接在屏幕上显示查询结果,应选 A。

4. 查询只能从表中提取数据,而不能修改,因此应选 A。

5. 查询所用的数据源可以是数据表、自由表和视图等,因此应选 D。

6. B	7. C	8. C	9. C	10. D	11. A	12. B
13. D	14. C	15. A	16. B	17. A	18. C	19. A
20. B						

二、填空题

1. 在查询设计器的"筛选"选项卡中可以设置查询条件,因此应填:查询条件。

2. 应填:① 设置输出字段　② 选定符合条件的记录　③ 使记录按照指定的字段进行排序。

3. 查询文件中保存的是从数据库中提取数据的一些条件,因此应填:满足指定条件。

4. 查询文件的内容实际上就是一条数据查询语句,因此应填:① SQL Select　② qpr。

5. 视图是数据库中的一个对象,其中并未保存数据,因此应填:虚表。

6. ① 自由表　② 视图

7. ① 本地视图　② 远程视图

8. 连接

9. Open Database rsgl

　 Use cx_zg

　 Browse

10. 更新

三、判断题

1. Visual FoxPro 的多表查询提供了内部连接、左连接、右连接和完全连接,因此为 F。

2. 多表查询时,必须建立表间的连接,因此为 T。

3. F	4. F	5. F	6. T	7. T	8. T	9. T
10. T	11. F	12. T				

第 5 章习题参考答案

一、单项选择题

1. D	2. B	3. A	4. B	5. D	6. B	7. A
8. A	9. D	10. D	11. A	12. D	13. B	14. C
15. B	16. A	17. D	18. B	19. A	20. D	21. C
22. D	23. B	24. C	25. C	26. B	27. D	28. B
29. B	30. A	31. D	32. D	33. A	34. D	35. A
36. B	37. D	38. C	39. A	40. D	41. C	42. A
43. A	44. D	45. C	46. C	47. D	48. B	49. A
50. C	51. C	52. A				

二、填空题

1. Union 是 SQL 语言中的并运算符,因此应填:Union。

2. Select 是 SQL 语言的查询语句,因此应填:数据查询。

3. Sum 是 SQL 语言中的求和函数,因此应填:Sum(工资)。

4. Insert Into 是 SQL 语言中的插入命令,因此应填:Insert Into。

5. ① Alter ② Alter ③ Check

6. ① And ② In

7. ① As ② 项目

8. ① Top ② Order By

9. ① Add ② Check

10. On

11. ① Update ② Set

三、写出实现下列查询功能的 SQL 命令

1. Select xm,csrq From zgqk Where hf

2. Select xm From zgqk,bm Where zgqk. bmbh＝bm. bmbh And;
   (bmmc＝"会计系" Or bmmc＝"经济系")

3. Select Avg(jcgz) From gz,zgqk Where gz. zgbh＝zgqk. zgbh And xb＝"女"

4. Select xm,xl From zgqk Where xb＝"男"

5. Select Avg(jcgz) From gz,zgqk Where gz. zgbh＝zgqk. zgbh And "教授" $ zc

6. Select xm From gz,zgqk Where gz. zgbh＝zgqk. zgbh And jcgz＜2000

7. Select bmmc,Count(＊) From zgqk ,bm Where zgqk. bmbh＝bm. bmbh Group
By bmmc

8. Select bmmc,Count(zgbh) 教授人数 From bm,zgqk Where zgqk. bmbh＝bm. bmbh;
   And zc＝"教授" Group By bmmc Order By 教授人数 Desc

9. Select xm From zgqk Where zgbh In (Select zgbh From kyqk)

10. Select bmmc From bm Where bmbh Not In(Select bmbh From zgqk,kyqk;
    Where zgqk. zgbh＝kyqk. zgbh)

11. Select Sum(jcgz＋zwgz＋zjgz) From gz

12. Select bmmc,Count(*)␣From bm,zgqk,gz Where zgqk. bmbh＝bm. bmbh And;
    gz. zgbh＝zgqk. zgbh And jcgz＞＝2000 Group By bmmc

13. Select Top 1 bmbh,Count(*)␣tt From zgqk,kyqk Where zgqk. zgbh＝kyqk. zgbh;
    Group By bmbh Order By tt Desc

四、写出实现下列数据修改功能的 SQL 命令

1. Insert Into zgqk(zgbh,xm,xb,xl,xw,zc)␣Values;
   ("199009","和红","女","研究生","博士","助教")

2. Delete From zgqk Where xm＝"和红"

3. Update gz Set zwgz＝zwgz＋200 Where jcgz＋zwgz＜2000

4. Update gz Set zwgz＝zwgz * 1.1 Where zgbh In(Select zgbh From zgqk;
   Where zc＝"教授")

5. Select * From bm Into table bm1
   Update bm1 Set bmbh＝"B"＋substr(bmbh,2)

五、SQL 语言的数据定义命令使用

1. Create Table 职员(职员号 C(3),姓名 C(6),性别 C(2),组号 N(1,0),职务 C(10))
   Create Table 客户(客户号 C(4),客户名 C(36),地址 C(36),所在城市 C(36))
   Create Table 订单(订单号 C(4),客户号 C(4),职员号 C(3),签订日期 D,金额 N(6,2))

2. Alter Table 职员 Alter 性别 C Check 性别＝"男" Or 性别＝"女"

3. Alter Table 客户 Alter 所在城市 Set Default "北京"

4. Alter Table 职员 Add 手机号码 C(11)

5. Alter Table 职员 Drop 组号

6. Select * From 职员 Into Table 职员 1
   Drop Table 职员 1

7. Create View age As Select zgbh,xm,xb,zc,bmmc,year(date())－year(csrq)␣nl;
   From zgqk,bm Where zgqk. bmbh＝bm. bmbh

8. Drop View age

第 6 章习题参考答案

一、单项选择题

1. B	2. B	3. C	4. C	5. C	6. A	7. A
8. B	9. C	10. B	11. A	12. A	13. C	14. B
15. A	16. A	17. C	18. A	19. D	20. A	21. A
22. D	23. D	24. D	25. D			

二、阅读程序题

1. S＝78

2. S＝53

3. 1　2
   2　3　4
   3　4　5　6

4. 30　10　10
   30　10　10
   30　5
   找不到变量"N"

5. 10　1　2　3　105

6. 过程中：a,b,c,d＝2　6　4　2
   返回主程序：a,b,c,d＝2　6　3
   找不到变量'D'

7. 28.0000,9.0000,5

8. 122.00
   33

9. 同学们你们好！
   600
   同学们,200,300

10. al,bl,cl＝21 6 7
    x,y,z＝27 7 10
    a2,b2,c2＝21 6 32

11. X1＝2,X2＝6
    X1＝4,X2＝4

12. 4　5　.F.
    .F.　.F.　7

13. 1　6　11　16　21　26　31　36　41　46　51　56

14. 1 2 .F.
    4　.F.　2　.F.

三、程序填空题

1. ① .Not. Eof()　② Skip

2. 姓名＝XM

3. Loop

4. (编号,8)＝1

5. NUM

6. ① ＜＞0　② J＝J＋1　③ Str(N)

7. "STD&m"

8. ① !Eof()   ② Skip

9. ① Set Relation To 总编号 Into B Addi
   ② 借书证号，A. 姓名，A. 单位，B. 书名，B. 单价，借阅日期

10. ① !Eof()   ② zhcj＞＝90   ③ zhcj＞＝75   ④ zhcj＞＝60   ⑤ dj＝"不及格"
    ⑥ With dj   ⑦ Skip

11. ① I＜＝10   ② X＞MAX   ③ X＜MIN

12. ① &NAME   ② M＝"1"   ③ Go N

13. ① Index On 职工编号   ② 职工编号 Into A   ③ 工资＋200
    ④ A. 民族＜＞"汉"   ⑤ A. 姓名

14. ① K(3)   ② Go 2   ③ From K

15. ① Dime N(10)，L(10)   ② J＝I+1   ③ C＝N(I)   ④ N(I)＝N(J)   ⑤ N(J)＝C
    ⑥ ? I ，N(I)，L(I)

16. ① Dime X(10)   ② Store X(1) To Max,Min,S   ③ Min＞X(I)
    ④ (s-max-min)/8   ⑤ Str(avg，4，2)   ⑥ Str(max，4，2)   ⑦ Str(min，4，2)

四、程序设计题

1. **主程序 main. prg

```
? 2
For M=3 To 100 Step 2
  N=Int(Sqrt(M))
  Do Sub
Endfor
Set Talk On
Return
**子程序 Sub.Prg
For I=3 To N Step 2
  If Mod(M,I)=0
    Return
  Endif
Endfor
??M
Return
```

2. **sgn. prg

```
Function sign
Parameters X
Do Case
  Case X>0
    Y=1
  Case X=0
```

```
    Y=0
  Otherwise
    Y=-1
Endcase
Return Y
```

3. **abc. prg

```
Dimension A1(3),A2(3)
Use ABC
Go 4
Scatter To A1
Skip 2
Scatter To A2
Gather From A1
Skip -2
Gather From A2
Use
Return
```

4. **kccx. prg

```
Clear
Sele 1
Use stu
Sele 2
Use kc
Sele 3
Use sk
Join With B To kccx1 For 课程号=B.课程号
Use kccx1
Join With A To kccx For 学号=A.学号
Use kccx
Accept "请输入要查询的课程名：" To kcm
Scan For 课程名=Kcm
  Disp 学号,姓名,成绩
Endscan
Close All
Return
```

5. **prog. prg

```
Set Safety Off
Select 1
Use Gz
Copy stru To ggz
Select 2
```

```
Use ggz
Select 1
X=1001
Do While X<1006
  Locate For Left(职工号,4)=Str(X,4)
  If Found ()
    M=实发工资
    Go Top
    Do While !Eof()
      If Left(职工号,4)=Str(X,4).And. 实发工资>M
        M=实发工资
      Endif
      Skip
    Enddo
    Locate For Left(职工号,4)=Str(X,4).And.实发工资=M
    Select 2
    Append Blank
    Replace 姓名 With A->姓名,职工号 With A->职工号,;
    基本工资 With A->基本工资,奖金 With A->奖金,;
    津贴 With A->津贴,房租 With A->房租,;
    水电费 With A->水电费,实发工资 With A->实发工资
    Select 1
  Endif
  X=X+1
Enddo
Select 2
Go Top
M=实发工资
Do While !Eof()
  If 实发工资>M
    M=实发工资
  Endif
  Skip
Enddo
Append Blank
Replace 实发工资 With M
Close All
Set Safety On
Return

6. **prog. prg

Select 1
Use zz
Select 2
```

```
Use dj
Index On 书号 To Into Shsy
Select zz
Set Relation To 书号 Into Dj
Accept '请输入作者姓名：' To Name
name=Trim(name)
S= .F.
Scan
  If 作者名=Name
    S= .T.
    Display 书名,出版日期,Dj.单价,Dj.数量
  Endif
Endscan
If !S
  ?"表中没有"+name+"作者的书"
Endif
Close Data
Return
```

7. **prog. prg

```
Use ks
Replace All 结业否 With .T. For 笔试成绩>=60.And.上机成绩>=60
Use jy
Append From ks For 结业否
List
Use
Return
```

8. **prog. prg

```
Select B
Use file2
Select A
Use file1
Do While !Eof ()
  Scatter To r_array
  Select B
  Append Blank
  Gather From r_array
  Select A
  Skip
Enddo
Close Databases
Return
```

9. **prog. prg

```
Clear
Clear All
Use 日销售文件
Input "请输入营业员代码" To X
Do While X<>0
  Locate For 营业员代码= X
  If Found()
    Select Sum(数量 * 单价)From 日销售文件 Where 营业员代码=X Into Array yy
    ?Str(X,4)+"号营业员目前的营业额为: ",yy(1),"元"
  Else
    ?"错误代码"
  Endif
  Input "请输入营业员代码" To X
Enddo
Select 营业员代码,Sum(数量 * 单价)As 日营业额 From 日销售文件 ;
 Group By 营业员代码 Into Table 日统计表 Order By 日营业额 Desc
Brow
Use
Return
```

10. 方法一:

```
Use score
Scan
  s=0
  If 物理>=60
    s=s+2
  Endif
  If 高数>=60
    s=s+3
  Endif
  If 英语>=60
    s=s+4
  Endif
  Replace 学分 With s
Endscan
Select * From score Into table xf Order By 学分,学号 Desc
Use
Return
```

方法二:

```
Update score Set 学分=Iif(物理>=60,2,0)+Iif(高数>=60,3,0)+Iif(英语>=60,4,0);
Select * From score Into table xf Order By 学分,学号 Desc
```

第 7 章习题参考答案

一、单项选择题

1. 可以给对象定义属性,而不是基类,因此应选 B。

2. 表单是一种容器类对象,因此应选 A。

3. 对象可以按其定义的属性、事件和方法进行实际操作,而不是类,因此应选 D。

4. 事件驱动程序既能在事件触发时执行,也能在代码中显式调用,因此应选 C。

5. 可以添加新的属性和方法,但不能添加新的事件,因此应选 C。

6. A	7. A	8. C	9. C	10. B	11. B	12. C
13. B	14. D	15. D	16. D	17. B	18. B	19. B
20. B	21. C	22. C	23. A	24. C	25. D	26. B
27. C	28. B	29. C	30. D	31. A	32. D	33. D
34. C	35. D	36. B	37. B	38. D	39. B	40. C
41. B	42. D	43. C	44. B	45. D	46. A	47. B
48. D	49. D	50. A	51. D	52. B	53. C	54. C
55. A						

二、填空题

1. 类是对象的集合,而对象是类的实例,因此应填:实例。

2. Visual FoxPro 支持两种基类,因此应填:容器类,控件类。

3. Visual FoxPro 提供了一批:基类。

4. 类是对象的集合,其实例即为:对象。

5. 建立对象时触发 Init 事件,对象被释放时触发 Destroy 事件,用鼠标双击对象时触发 DblClick 事件,因此应填:Init,Destroy,DblClick。

6. Release

7. 类

8. ① 属性　② 方法

9. 事件

10. Myform. show

11. 该属性只读

12. This. Value＝Date()

13. ① 单表表单　② 一对多表单

14. 列

15. Enabled

16. 空字符串

17. ① 表单备注　② . scx　③ . sct

18. ① Enabled　② Visible

19. ① 对象　② 数据源　③ 关系　④ 数据表　⑤ 自由表　⑥ 视图

20. 程序代码

21. ① Command1. Click　② Command2. Click

22. ① 多段　② 单段

23. ① Caption　② Autosize

24. 字段名

25. ① 当前对象　② 当前表单　③ 当前对象的父对象

26. Shift

27. ① RowSourceType　② RowSource

28. ① This. Text1. Value＝Date()　② Thisform. Text1. Value＝""　③ Thisform. Release

　④ Thisform. Label1. Caption＝"当前系统日期"

　　This. Value＝Date()

　⑤ RightClick

　⑥ Thisform. Label1. Caption＝"当前系统时间"

　　This. Value＝Time()

三、设计题

1. 设计步骤如下：

（1）打开表单设计器。

（2）添加两个标签、两个文本框和两个命令按钮，并调整其大小和位置。各对象的 Name 属性取系统默认值不变。

（3）分别设置两个标签的 Caption 属性为"请输入一个整数："、"此整数的阶乘为："，分别设置两个命令按钮的 Caption 属性为"计算"、"退出"，并将两个文本框的 Value 属性设置为 0。

（4）编写"计算"按钮 Command1 的 Click 事件的代码如下：

```
s=1
n=Thisform.Text1.Value
If n>0
  For i=1 To n
    s=s * i
  Endfor
  ThisForm.Text2.Value=s
Else
  MessageBox("输入非法数据,退出程序运行。")
  Thisform.Release
Endif
```

（5）编写"退出"按钮 Command2 的 Click 事件的代码如下：

```
Thisform.Release
```

2. 设计步骤如下：

（1）打开表单设计器。

（2）添加两个标签、一个文本框、一个命令按钮和一个选项按钮组，并调整其大小和位置。各对象的 Name 属性取系统默认值不变。

（3）分别设置两个标签的 Caption 属性为"请输入显示内容："、"请选择字体："，设置命令按钮的 Caption 属性为"关闭"。

（4）利用选项按钮组生成器将其布局设为横向，个数设为 4 个，分别设置每个选项按钮的 Caption 属性为："黑体"、"宋体"、"隶书"、"楷体"。

（5）编写选项按钮组 OptionGroup1 的 Click 事件的代码如下：

```
Do Case
  Case This.Value=1
    Thisform.Text1.FontName="黑体"
  Case This.Value=2
    Thisform.Text1.FontName="宋体"
  Case This.Value=3
    Thisform.Text1.FontName="隶书"
  Case This.Value=4
    Thisform.Text1.FontName="楷体"
Endcase
```

（6）编写"关闭"按钮 Command2 的 Click 事件的代码如下：

```
ThisForm.Release
```

3. 设计步骤如下：

（1）打开表单设计器。

（2）添加 3 个标签、3 个文本框、一个命令按钮组，并调整其大小和位置。各对象的 Name 属性取系统默认值不变。

（3）分别设置 3 个标签的 Caption 属性为"初值："、"终值："、"结果："。

（4）利用命令按钮组生成器将其布局设为横向，个数设为 3 个，分别设置每个命令按钮的 Caption 属性为"计算"、"清除"、"退出"。

（5）编写 Form1 的 Init 事件的代码如下：

```
This.Text1.Value=0
This.Text2.Value=0
This.Text3.Value=0
This.Text3.Enabled=.F.
```

（6）编写命令按钮组 CommandGroup1 的 Click 事件的代码如下：

```
Do Case
  Case This.Value=1
    i=0
    For j=Thisform.Text1.Value To Thisform.Text2.Value
```

```
        i=i+j
     Endfor
     Thisform.Text3.Enabled=.T.
     Thisform.Text3.Value=i
  Case This.Value=2
     Thisform.Text1.Value=0
     Thisform.Text2.Value=0
     Thisform.Text3.Value=0
     Thisform.Text3.Enabled=.F.
  Case This.Value=3
     Thisform.Release
  Endcase
```

4. 设计步骤如下：

(1) 打开表单设计器。

(2) 添加两个标签、3 个文本框、一个命令按钮、一个选项按钮组，并调整其大小和位置。各对象的 Name 属性取系统默认值不变。

(3) 设置标签 Label1 的 Caption 属性为"第一个操作数："，标签 Label2 的 Caption 属性为"第二个操作数："。命令按钮 Command1 的 Caption 属性为"等于"。选项按钮组 OptionGroup1 包含 4 个选项按钮，4 个选项按钮的 Caption 属性分别设置为"＋"、"－"、"×"、"÷"。

(4) 编写命令按钮 Command1 的 Click 事件的代码如下：

```
x=Val(Thisform.Text1.Value)
y=Val(Thisform.Text2.Value)
Do Case
  Case Thisform.OptionGroup1.Value=1
     z=x+y
  Case Thisform.OptionGroup1.Value=2
     z=x-y
  Case Thisform.OptionGroup1.Value=3
     z=x*y
  Case Thisform.OptionGroup1.Value=4
     z=x/y
Endcase
Thisform.Text3.Value=z
```

5. 设计步骤如下：

(1) 打开表单设计器。

(2) 打开数据环境设计器，将 rsgl 数据库中的 zgqk.dbf 添加到其中。

(3) 使用表单菜单中的快速表单命令，打开表单生成器，将该数据表中的所有字段全部添加到选定字段中，关闭生成器，选定字段绑定的相关控件出现在表单中，调整其位置。

(4) 添加一个命令按钮组，利用命令按钮组生成器将其布局设为纵向，个数设为

3 个,分别设置每个命令按钮的 Caption 属性为"上一条"、"下一条"、"退出"。

（5）各对象的 Name 属性取系统默认值不变。

（6）编写命令按钮组 CommandGroup1 的 Click 事件的代码如下：

```
Do Case
  Case This.Value=1
    If Bof()
      Go Bott
    Endif
    Skip -1
    Thisform.Refresh
  Case This.Value=2
    If Eof()
      Go Top
    Endif
    Skip 1
    Thisform.Refresh
  Case This.Value=3
    Thisform.Release
Endcase
```

6. 设计步骤如下：

（1）打开表单设计器。

（2）打开数据环境设计器,将 student.dbf 添加到其中。

（3）添加一个命令按钮组、一个选项按钮组、两个文本框、一个命令按钮、一个表格,并调整其大小和位置。各对象的 Name 属性取系统默认值不变。

（4）利用命令按钮组生成器将其布局设为纵向,个数设为两个,分别设置各个按钮的 Caption 属性为"平均分"、"优秀人数"。

（5）利用选项按钮组生成器将其布局设为横向,个数设为 3 个,分别设置各个选项按钮的 Caption 属性为"语文"、"数学"、"英语"。命令按钮的 Caption 属性设置为"退出"。

（6）表格中各控件对象的属性设置如下表所示：

控件对象属性表

控件名称	属性名	设置值	控件名称	属性名	设置值
Header1	Caption	学号	Column1	ControlSource	student.xh
Header1	Caption	姓名	Column2	ControlSource	student.xm
Header1	Caption	语文	Column3	ControlSource	student.yw
Header1	Caption	数学	Column4	ControlSource	student.sx
Header1	Caption	英语	Column5	ControlSource	student.yy

（7）编写 Form1 的 Load 事件代码如下：

```
Public x
x="语文"
```

（8）编写选项按钮组 OptionGroup1 的 Click 事件的代码如下：

```
Do Case
  Case This.Value=1
    x="语文"
  Case This.Value=2
    x="数学"
  Case This.Value=3
    x="英语"
Endcase
```

（9）编写命令按钮组 CommandGroup1 的 Click 事件的代码如下：

```
Do Case
  Case This.Value=1
    Average &x To pj
    Thisform.Text1.Value=pj
  Case This.Value=2
    Count For &x>=85 To you
    Thisform.Text2.Value=you
Endcase
```

（10）编写命令按钮 Command1 的 Click 事件的代码如下：

```
Thisform.Release
```

7. 设计步骤如下：

（1）打开表单设计器。

（2）打开数据环境设计器，将 student. dbf 添加到其中。

（3）添加一个命令按钮组、5 个标签、4 个文本框、一个组合框，并调整其大小和位置。各对象的 Name 属性取系统默认值不变。

（4）分别设置 5 个标签的 Caption 属性为"请选择学生学号："、"姓名："、"语文："、"数学："、"英语："。组合框 Combo1 的 RowSourceType 设置为"6-字段"，RowSource 设置为"student. xh"。

（5）利用命令按钮组生成器将其布局设为横向，个数设为两个，分别设置各个命令按钮的 Caption 属性为"查询"、"退出"。

（6）编写命令按钮组 CommandGroup1 的 Click 事件的代码如下：

```
Do case
  Case This.Value=1
    Locate For xh=Thisform.Combo1.Value
```

```
    Thisform.Text1.Value=xm
    Thisform.Text2.Value=yw
    Thisform.Text3.Value=sx
    Thisform.Text4.Value=yy
  Case This.Value=2
    Thisform.Release
Endcase
```

8. 设计步骤如下：

（1）打开表单设计器。

（2）添加两个标签、一个计时器，并调整其大小和位置。各对象的 Name 属性取系统默认值不变。

（3）设置标签 Label1 的 Caption 属性为"教师信息管理系统"，FontSize 设为 25。设置标签 Label2 的 Caption 属性为"欢迎使用本系统"。设置计时器 Timer1 的 Interval 属性为 50。

（4）编写计时器 Timer1 的 Timer 事件的代码如下：

```
Thisform.Label2.Left=Thisform.Label2.Left+2
If Thisform.Label2.Left>=Thisform.Width
    Thisform.Label2.Left=0
Endif
```

9. 设计步骤如下：

（1）打开表单设计器。

（2）添加一个标签、一个文本框、一个命令按钮、4 个复选框，并调整其大小和位置。各对象的 Name 属性取系统默认值不变。

（3）设置标签 Label1 的 Caption 属性为"职工总数："。设置命令按钮的 Caption 属性为"统计人数"。分别设置 4 个复选框的 Caption 属性为"经济系"、"会计系"、"财税系"、"计算机系"。

（4）编写命令按钮 Command1 的 Click 事件的代码如下：

```
s1=0
s2=0
s3=0
s4=0
sum=0
If Thisform.Check1.Value=0 And Thisform.Check2.Value=0;
  And Thisform.Check3.Value=0 And Thisform.Check4.Value=0
  MessageBox("未选择任何系部,不能进行任何人数统计。")
Else
  If Thisform.Check1.Value=1
    Select bmbh From bm Where bmmc=Thisform.Check1.Caption;
    Into Array aa
```

```
        Count For bmbh=aa(1)To s1
      Endif
    If Thisform.Check2.Value=1
      Select bmbh From bm Where bmmc=Thisform.Check2.Caption;
       Into Array bb
      Count For bmbh=bb(1) To s2
    Endif
    If Thisform.Check3.Value=1
      Select bmbh From bm Where bmmc=Thisform.Check3.Caption;
       Into Array cc
      Count For bmbh=cc(1)To s3
    Endif
    If Thisform.Check4.Value=1
      Select bmbh From bm Where bmmc=Thisform.Check4.Caption;
       Into Array dd
      Count For bmbh=dd(1)To s4
    Endif
  Endif
Endif
sum=s1+s2+s3+s4
Thisform.Text1.Value=sum
```

10. 设计步骤如下：

（1）打开表单设计器。

（2）打开数据环境设计器，将 zgqk.dbf 和 kyqk.dbf 添加到其中。

（3）添加一个页框，其中包含两个页面对象。使页框处于编辑状态，将页面 Page1 作为当前页面，在其中加入一个标签、一个组合框和一个表格，如习题图 7-11；将页面 Page2 作为当前页面，在其中加入 4 个标签、3 个文本框、一个组合框和两个命令按钮，如习题图 7-12。调整各控件的大小和位置。各对象的 Name 属性取系统默认值不变。

（4）各控件对象的属性设置如下表所示：

控件对象属性表

控 件 名 称			属 性 名	设 置 值
Frame1	Page1	Grid1	Header1	Caption	职工编号
			Header2	Caption	成果编号
			Header3	Caption	成果名称
			Header4	Caption	成果类别
		Label1	Caption	选择姓名：
		Combo1	RowSourceType	6-字段
			RowSource	zgqk.xm

续表

控 件 名 称			属性名	设 置 值
Frame1	Page2	Label1	Caption	成果编号：
		Label2	Caption	成果名称：
		Label3	Caption	成果类别：
		Label4	Caption	职工编号：
		Combo1	RowSourceType	3-SQL 语句
			RowSource	Sele Dist cglb From kyqk Into Cursor Combo1
		Command1	Caption	添加
		Command2	Caption	退出

（5）编写 Page1 中组合框 Combo1 的 Click 事件代码如下：

```
Thisform.Pageframe1.Page1.Grid1.RecordSource="Sele zgqk.zgbh,cgbh,cgmc,cglb;
From zgqk,kyqk Where zgqk.zgbh=kyqk.zgbh And xm=This.Value;
Into Cursor Grid1"
```

（6）编写 Page2 中命令按钮 Command1 的 Click 事件代码如下：

```
If MessageBox("确定要保存当前数据吗？",1+ 48)=1
Select kyqk
Append Blank
Replace cgbh With This.Parent.Text1.Value,cgmc With This.Parent.Text2.Value,;
zgbh With This.Parent.Text3.Value,cglb With This.Parent.Combo1.Value
Endif
This.Parent.Combo1.Value=''
This.Parent.Text1.Value=''
This.Parent.Text2.Value=''
This.Parent.Text3.Value=''
```

（7）编写 Page2 中命令按钮 Command2 的 Click 事件代码如下：

```
Thisform.Release
```

第 8 章 习题参考答案

一、单项选择题

1. 设置热键字符为"\<"，因此应选 A。
2. "菜单设计器"中的"结果"列用于定义当前菜单的子菜单，因此应选 B。
3. "菜单设计器"中的"过程"列可用于编写程序代码，因此应选 D。
4. A　　5. C　　6. D　　7. A　　8. A　　9. D　　10. C
11. C　　12. D　　13. B　　14. C　　15. D　　16. A　　17. C

二、填空题

1. 在 Visual FoxPro 中创建菜单文件的命令是 Create Menu,因此应填:Create Menu。

2. 将 Visual FoxPro 系统菜单设置为默认菜单的命令是:Set Sysmenu To Default。

3. 当菜单处于激活状态时,才能使用热键,因此应填:热键。

4. "菜单设计器"中的"菜单级"下拉列表框用于在上、下级菜单之间切换,因此应填:菜单级。

5. 设计好的菜单定义保存在扩展名为.mnx 的菜单文件和扩展名为.mnt 的菜单备注文件中,能运行的是扩展名为.mpr 的菜单程序文件,因此应填:① .mnx ② .mnt ③ .mpr。

6. ① 下拉菜单 ② 快捷式菜单

7. ① 快捷式菜单 ② RightClick

8. 过程

9. 提示选项

10. .lbx

11. .frx

12. ① 报表数据源 ② 报表布局

13. Modify Report

14. ① 分组字段 ② 组标头 ③ 组注脚

15. ① 页标头 ② 页注脚

16. 标签

17. 列数

18. 打印预览

19. Label Form ␣<标签名>␣Preview

三、设计题

1. 设计步骤:

(1) 打开菜单设计器。

(2) 在菜单名称中输入"文件(\\<F)",在结果中选择"子菜单",单击"创建"按钮,设计"文件"菜单栏的子菜单项:首先单击"插入栏"按钮,插入系统菜单栏中的"打开"菜单项;再添加新的"关闭"子菜单项,在结果中选择"命令",输入 Use 命令。在菜单级中选择"菜单栏"返回到菜单栏的设计窗口。

(3) 为菜单栏添加"浏览"菜单,在菜单名称中输入"浏览(\\<B)",在结果中选择"命令",输入 Browse 命令。

(4) 为菜单栏添加"退出"菜单,在菜单名称中输入"退出(\\<Q)",在结果中选择"命令",输入 Set Sysmenu To Default 命令。

(5) 将菜单保存为 menu1.mnx 文件,选择"菜单"菜单中的"生成"选项,生成 menu1.mpr 菜单程序文件。

2. 设计步骤：

(1) 打开快捷菜单设计器。

(2) 在菜单名称中输入"浏览"，在结果中选择"命令"，输入 Browse 命令。

(3) 在菜单名称中输入"关闭"，在结果中选择"命令"，输入 Use 命令。

(4) 单击"显示"下拉菜单中的"菜单选项"命令，打开"菜单选项"对话框，在"名称"文本框中输入快捷菜单的名称：kjcd。

(5) 单击"显示"下拉菜单中的"常规选项"命令，打开"常规选项"对话框，选中"菜单代码"区的"清理"复选框，出现一个文本编辑窗口，单击"确定"按钮，然后在文本编辑窗口中添加代码如下：

```
Release Popups kjcd
```

(6) 将设计好的菜单保存到 kjcd. mnx 菜单文件中，并生成菜单程序文件 kjcd. mpr。

(7) 新建空白表单，在表单的 RightClick 事件中添加代码如下：

```
Do kjcd.mpr
```

3. 设计步骤：

(1) 打开菜单设计器。

(2) 在"菜单设计器"中输入菜单项及相关的内容。"退出"菜单项的内容选择"命令"，输入 Set Sysmenu To Default 命令；"计算"菜单项的内容选择"过程"，单击后面的"创建"，弹出过程编辑窗口。

(3) 在过程编辑窗口输入如下程序；

```
Open Database jsgl
Select 2
Use gz
Select 1
Use jsqk
Do While .Not. Eof()
    Do Case
        Case zc="教授"
            per=15/100
        Case zc="副教授"
            per=10/100
        Case zc="讲师"Or zc="工程师"
            per=8/100
        Case zc="助教"
            per=5/100
        Otherwise
            Skip
            Loop
    Endcase
    Select 2
```

```
Replace All jcgz With jcgz * (1+per)␣For gz.jsbh=jsqk.jsbh
Select 1
Skip
Enddo
Close All
```

（4）将设计好的菜单保存到 menu2. mnx 菜单文件中，并生成菜单程序文件 menu2. mpr。

4．设计步骤：

（1）在报表向导中选择"一对多报表向导"。

（2）进入报表向导后共有 6 个步骤，按顺序选择操作：

- 步骤 1——父表字段选取：选择 zgqk. dbf 表中的 zgbh 和 xm 字段作为选定字段。
- 步骤 2——子表字段选取：选择 gz. dbf 表中的除 zgbh 字段之外的所有字段作为选定字段。
- 步骤 3——建立数据表间关系：将两个表以 zgbh 字段建立关系。
- 步骤 4——排序记录。
- 步骤 5——定义报表类型：使用系统默认选项不变。
- 步骤 6——完成：在"报表标题"中输入标题"职工工资报表"，选择"保存报表并在报表设计器中修改"，单击"完成"按钮。

（3）在报表设计器中，将"职工工资报表"标签控件移动到报表标题带区中间，选定文本内容，打开"格式"菜单中的"字体"菜单项，将字体设为隶书，字号为一号。

（4）在页标头带区"水电费"标签之后添加一个标签控件，设其显示文本为"工资总和"，类似上一步骤，将字体设为加粗且带下划线，其余不变。

（5）在细节带区添加一个域控件，在弹出的"报表表达式"对话框中，利用表达式生成器，在"表达式"后的文本框中输入：gz. jcgz＋gz. zwgz＋gz. zjgz＋gz. fljj＋gz. sdf＋gz. mqf，关闭对话框。

（6）单击"文件"菜单中的"打印预览"，可以查看打印效果。

5．设计步骤：

（1）打开报表设计器。

（2）打开数据环境设计器，将 zgqk. dbf 和 bm. dbf 两个表加入到报表的数据环境中。将 zgqk. dbf 的 bmbh 字段拖放到 bm. dbf 的 bmbh 字段上，系统自动为 bm. dbf 表按 bmbh 字段建立索引，从而建立两表之间的关系。

（3）确定 zgqk. dbf 表中已经依据 bmbh 字段建立了索引，并将该索引设为该表的主控索引。可以在数据环境设计器中右击 zgqk. dbf 表，在出现的快捷菜单中选择"属性"，在"属性"对话框中定位 Order 属性，将其设置为依据 bmbh 字段建立的索引名，即可将其设为主控索引。

（4）选择"报表"菜单中的"数据分组"菜单项，在"数据分组"对话框中指定分组表达式为：zgqk. bmbh。报表设计器中出现组标头和组注脚带区。

（5）在页标头带区中加入一个标签控件，其显示文本为"系部教师信息一览"，字体设为隶书，字号为小二；加入两个线条控件，横贯报表于标签下方；同时加入一个域控件，在弹出的"报表表达式"对话框中输入表达式：Date()，如题解图 8-1 所示。

题解图 8-1

（6）将数据环境中 bmmc、zgbh、xm、xb、csrq、zc、xl 共 7 个字段拖放到组标头带区，系统自动产生相应控件显示字段名和字段值。将显示 zgbh、xm、xb、csrq、zc、xl 共 6 个字段值的 6 个域控件移动到细节带区中。调整各控件大小和位置，如题解图 8-1 所示。

（7）在页注脚带区中添加一个域控件，在弹出的"报表表达式"对话框中输入表达式："Page"＋Alltrim(Str(_Pageno))，用以显示页号，如题解图 8-1 所示。

（8）保存并预览报表。

第 9 章习题参考答案

简答题

1. 一个数据库应用系统的开发，通常要经过系统需求分析、系统设计、系统实现、系统发布和系统使用维护几个阶段。

系统需求分析是整个应用系统开发的基础，主要包括数据分析和功能分析。数据分析应归纳出需要系统处理的原始数据，数据之间的相互联系，数据处理所遵循的规则，处理结果的输出方式和格式等。功能分析则是为应用系统功能设计提供依据。

根据系统需求分析的结果，对应用系统进行总体规划设计，包括两大部分：数据库、表的设计和应用系统功能设计。数据库、表设计是在需求分析的基础上，根据数据库系统要存储、处理的各种数据、数据的类型、数据所表示的实体以及实体之间的相互联系，按照数据库设计的基本原则和关系模型的规范化要求，设计数据库中表的数量和各表的结构。应用系统功能设计则是设计能够实现数据的输入、输出和各种加工处理，以及对整个应用系统进行管理、控制与维护的功能模块。

系统实现是根据系统设计的要求，选用合适的数据库管理系统，创建数据库、表；设计、编写、调试应用系统的各功能模块程序。

完成整个系统的设计、实现工作，系统试运行合格后，即可进入系统发布阶段。此阶段的工作主要有两个方面：一是对组成数据库应用系统的各功能模块文件进行项目连编，将源程序代码等编译连接生成一个可执行的应用系统软件；二是整理完善文档资料，并与连编生成的应用系统软件一起发布，交付使用。

应用系统投入使用,正式运行后,即进入系统维护阶段,以保证整个系统的正常工作和安全、可靠、高效率的运行。

2. 在一个数据库应用系统中通常包含以下几个基本组成部分:

(1) 一个或多个数据库。每个数据库中又包含多个数据表、视图等,用于保存原始数据或初步处理结果数据。

(2) 数据处理模块:如数据的输入、修改、删除、分类、统计、查询、检索等。

(3) 数据输出与控制:如各种信息的屏幕浏览、各种格式的报表和标签的打印输出等。

(4) 主控程序:设置应用系统的工作环境,控制各功能模块应用程序的运行。

(5) 用户界面:包括系统窗口、菜单、工具栏、登录窗口及各种表单等。

3. 应用程序的总体设计通常采用自上而下、按功能分类、逐级分解细化的模块化设计方法。设计时先整体,再局部,先粗后细,化繁为简,化大为小。根据系统的功能要求将整个系统划分为若干个子系统,每个子系统又划分为若干个模块,每个模块实现一项功能,从而减小了系统的设计难度和工作量。因各模块具有较好的独立性,给程序的编写、修改、调试和整个系统的维护、管理带来很多方便。模块化的设计方法有利于团队工作,可以做到多人并行地同时进行系统开发,大大提高系统的开发效率。

4. 主控程序是一个数据库应用系统的总控制部分。它作为整个应用系统的入口,是系统首先要执行的程序,并为用户进入系统,实现和完成后续工作提供一个操作控制平台。在主控程序中,通常要完成以下任务:(1)设置应用系统的运行环境;(2)显示用户界面;(3)事件循环控制;(4)恢复系统原有环境设置后退出系统。

5. 项目指的是用户利用 Visual FoxPro 系统创建的一个应用系统文件。

项目文件中集合了应用系统中的数据库、数据表、表单、报表、标签、查询、类、程序、菜单和一些其他文件,并通过"项目管理器"对这些文件进行统一的组织管理。在"项目管理器"中可以用可视化的方法很方便地对上述各种文件进行创建、修改、删除等编辑操作。利用项目管理器还可以将一个应用系统编译成一个扩展名为 .app 的应用程序文件,或扩展名为.exe 的一个可执行程序文件。

在项目管理器中新建或添加的文件并不意味着该文件已成为该项目文件的一部分。实际上,每一个文件都以独立的文件形式存在。在某个项目文件中建立或添加的文件只表明该文件和该项目文件之间建立了一种关联。其好处有两个:

(1) 项目文件仅需要知道它所包含的文件在什么位置就可以,而不必关心它所包含文件的其他详细信息。

(2) 一个文件可以同时被多个项目文件所包含。则在修改该文件时,修改的结果将同时体现在包含该文件的各项目文件中,从而避免了在多个项目中对文件分别进行修改时可能造成的数据不一致的后果。

6. 使用 Visual FoxPro 系统连编生成应用程序的基本操作步骤如下:

(1) 项目组装。将应用系统的所有组成部分,包括数据文件、各功能模块和其他辅助文件等添加到一个项目文件中。操作步骤为:①建立或打开项目文件;②添加需要的数据库,其他数据库中的数据表,视图,以及自由表等数据文件;③添加需要的表单文件、报表文件等；④添加类文件；⑤添加程序文件等；⑥添加菜单文件和其他如位图、图标等相关文件。

（2）设置主控程序。主控程序是应用系统的起始点，在用户启动应用程序时，首先运行的是主控程序，每一个应用系统都必须包含一个主控程序。在 Visual FoxPro 中，程序、表单、菜单、查询等文件都可以作为主控程序文件，但通常是建立一个专门的程序文件作为应用系统的主控程序文件。

（3）设置文件的"排除"或者"包含"。将应用系统运行时可能需要或者允许修改的文件如数据表文件等设置为"排除"。

（4）设置项目信息。可以输入与开发者有关的信息，如姓名、单位、地址；设置项目所在的目录路径；设置在试连编时应用程序文件中是否包含调试信息（最后连编时则应将其清除）；设置是否对应用程序进行加密以及应用程序最小化时的图标等。

（5）连编项目文件。项目文件连编是要对项目的整体性进行测试，并对程序中的引用进行校验，检查所有的程序组件是否可用。连编的最后结果是除了标记为"排除"的文件以外，将所有在项目中使用的文件编译连接成为一个应用程序文件。

（6）连编应用程序。连编项目文件成功之后，应在连编成应用程序之前试运行该项目。可以在"项目管理器"中选择主控程序后，单击"运行"按钮，或者在命令窗口中执行 Do ␣ ＜主程序名＞来运行项目。若程序运行正确，就可以连编成一个最终的应用程序文件。

参考文献

1. 萨师煊,王珊.数据库系统概论.第三版.北京:高等教育出版社,2000.
2. 李明,顾振山.Visual FoxPro 8.0 实用教程.北京:清华大学出版社,2006.
3. 刘卫国.Visual FoxPro 程序设计教程.北京:北京邮电大学出版社,2005.
4. 刘卫国.Visual FoxPro 程序设计上机指导与习题选解.第二版.北京:北京邮电大学出版社,2005.
5. 匡松,何福良.Visual FoxPro 面向对象程序设计及应用.北京:清华大学出版社,2007.
6. 程玮.Visual FoxPro 程序设计教程.北京:经济科学出版社,2003.
7. 刘瑞新.Visual FoxPro 程序设计教程.北京:机械工业出版社,2002.
8. 王利.二级教程——Visual FoxPro 程序设计.北京:高等教育出版社,2001.
9. 谢川.Visual FoxPro 程序设计.北京:机械工业出版社,2002.
10. 康萍,刘小东.Visual FoxPro 数据库应用.北京:清华大学出版社,2007.
11. 肖慎勇.数据库及其应用学习与实验指导教程.北京:清华大学出版社,2005.
12. 汤娜,汤庸,等.数据库系统实验指导教程.北京:清华大学出版社,2006.
13. 李雁翎.数据库技术及应用——习题与实验指导(Visual FoxPro).北京:高等教育出版社,2006.
14. 程玮.Visual FoxPro 数据库管理系统教程.北京:机械工业出版社,2008.
15. 程玮.Visual FoxPro 数据库管理系统教程学习与实验指导.北京:机械工业出版社,2008.